单片机原理与应用案例式教程

主　编　马玉志
副主编　计耀伟　刘　旭　黄剑楠
参　编　李美璇　和　珊　沙启铭

U0284556

哈尔滨工程大学出版社
Harbin Engineering University Press

内 容 简 介

本书以 8051 单片机为主线,按照案例驱动式由浅入深地讲述了 51 单片机的硬件结构、编程方法、开发工具、内部资源、外围接口、综合应用设计案例等内容。本书内容丰富,代码完整,实用性强。全书内容共分为 11 章,第 1 章为绪论;第 2 章到第 9 章介绍了单片机 C51 程序设计、单片机结构体系、单片机并行 I/O 端口、显示与键盘检测、中断系统、定时器/计数器、串行通信、A/D 与 D/A 转换接口技术等知识;第 10 章介绍了 51 单片机应用系统设计开发过程;第 11 章以智能小车的设计为例,系统地讲解了单片机相关案例项目的开发过程,使学生对单片机综合应用有一个更加深入的了解。

本书可作为应用型本科、职业本科电子信息、自动化、计算机、机电一体化等相关工科专业学生的单片机课程教材,也可作为电子科技竞赛以及工程技术人员的参考书。

图书在版编目(CIP)数据

单片机原理与应用案例式教程/马玉志主编. —哈尔滨 : 哈尔滨工程大学出版社,2023.3
ISBN 978-7-5661-3865-1

Ⅰ. ①单… Ⅱ. ①马… Ⅲ. ①单片微型计算机-教材
Ⅳ. ①TP368.1

中国国家版本馆 CIP 数据核字(2023)第 045152 号

单片机原理与应用案例式教程
DANPIANJI YUANLI YU YINGYONG ANLISHI JIAOCHENG

选题策划 石 岭
责任编辑 宗盼盼
封面设计 李海波

出版发行 哈尔滨工程大学出版社
社 址 哈尔滨市南岗区南通大街 145 号
邮政编码 150001
发行电话 0451-82519328
传 真 0451-82519699
经 销 新华书店
印 刷 哈尔滨午阳印刷有限公司
开 本 787 mm×1 092 mm 1/16
印 张 15.75
字 数 380 千字
版 次 2023 年 3 月第 1 版
印 次 2023 年 3 月第 1 次印刷
定 价 48.80 元
http://www.hrbeupress.com
E-mail:heupress@ hrbeu.edu.cn

前　言

单片机小巧、功耗低、控制功能强、可靠性高、应用灵活、价格低廉,非常适用于机、电、仪一体化产品,在工业控制、机电一体化产品、家用电器、智能仪表等诸多领域得到了广泛应用,充分显示了单片机广阔的应用前景。

本书是哈尔滨信息工程学院教师根据多年的教学经验,结合应用型本科教学特点,为满足学生掌握 MCS-51 单片机原理基础知识和应用技术而编写的,希望读者通过对本书的学习能掌握单片机原理基础知识和工程应用的基本方法,在进行应用实践时,能切实达到"学以致用"的目的。

本书以读者"能用会用"作为编写方向。

考虑到本书的读者大部分为在校学生,他们学习的主要目的是掌握并学会使用一款可以解决应用问题的控制器,但他们在专业基础知识方面还有些欠缺,如果过多、过深地涉及对原理知识的学习,反而会给他们的学习造成困扰。为此,本书对原理知识的讲解进行了弱化处理,采用了"轻原理,重应用"的策略,软件方面加强对 C51 语言、编程应用以及开发环境的知识讲解,所有的应用举例均有 C51 编程参照。

本书结合编者多年教学、科研、指导学生各类科技竞赛经验,以实际应用为主线,将案例贯穿于各知识点中。读者开篇即可明确主题,围绕目标,寻求解决问题的方法。本书的应用举例涉及实验内容,学生在课后可以马上进行实验验证,从而促进他们对课堂学习内容的理解和吸收。所有例子均来自创新实验室科研、竞赛、工程实践成果。本书的内容不是针对某个特定的开发板,而是侧重学生对知识的系统掌握,同时提高其动手操作,设计硬件、软件,以及解决各种问题的能力。

全书由马玉志担任主编并统稿,由计耀伟、刘旭、黄剑楠担任副主编,李美璇、和珊、沙启铭参与了编写。

在此,特别感谢哈尔滨工程大学王科俊教授、哈尔滨理工大学黄金杰教授、黑龙江大学蒋爱平教授对本书提出的宝贵意见,还要感谢电子工作室的同学在本书编写过程中给予的支持。

限于编者水平,错误和不足之处在所难免,恳请读者批评指正。

马玉志

哈尔滨信息工程学院

2023 年 1 月

目　　录

第1章 绪 论

学习意义

完成本章的学习后,你将能够对单片机有一个初步的认识和了解,并在此基础上掌握单片机的定义、分类、发展和应用。

学习目标

- 掌握单片微型计算机的定义;
- 掌握单片机的基本组成;
- 掌握单片机的分类、发展和应用。

学习指导

仔细阅读所提供的知识内容,查阅相关资料,咨询指导教师,完成相应的学习目标。确保自己在完成本章学习后能够对单片机有一个较为清晰的认识。

学习准备

回忆你所学过和了解的有关微型计算机技术的基础知识,查阅相关资料,了解单片机在各领域的一般技术应用。

学习案例

随着汽车科技的进步,对于智能小车的实验与设计越发重要,智能小车一般具有遥控控制、躲避障碍物、开启灯光等功能。其所运用的知识较为广泛,主要涉及电子信息工程、自动化和计算机等专业。智能小车是一个相对综合的案例,小车的设计与制作可以培养学生的学习能力与动手能力。智能小车硬件部分主要由驱动电机模块、蓝牙模块、超声波避障模块和供电模块组成。智能小车能够对路面障碍物进行躲避,通过采集与障碍物的距离而产生信号,进而输送给单片机,由单片机控制驱动器使电机转动。智能小车的软件部分对小车的转向与速度进行了调节,并通过多次测试来完成智能小车的避障与遥控的任务。单片机智能小车实例实物图及实验资料二维码如图1.0.1和图1.0.2所示。(智能小车具体讲解见本书第11章内容)

图 1.0.1　单片机智能小车实例实物图　　　　图 1.0.2　实验资料二维码

1.1　单片机概述

很多初学者在刚开始接触单片机的时候不清楚究竟什么是单片机。用专业语言讲,单片机全称单片微型计算机,又称微控制器,是把中央处理器(CPU)、存储器、各种输入/输出(I/O)接口等都集成在一块集成电路芯片上的微型计算机。

自 20 世纪 70 年代单片机问世以来,其功能和技术不断扩展,使单片机得到了广泛的应用。随着单片机集成度越来越高及单片机系统的广泛应用,人们对软件编程能力的要求越来越高,所以本书在介绍和讲解单片机的同时也注重对软件编程能力的培养。C51 语言是近年来国内外在 51 单片机开发中普遍使用的一种程序设计语言。由于 C51 语言具有功能强大、可读性好、便于模块开发、库函数非常丰富、编写程序可移植性好等诸多优点,因此成为单片机应用系统开发最快速、最高效、最普遍的程序设计语言。本书力求把 51 单片机的片内硬件结构以及外围电路的接口设计与 C51 编程紧密地结合在一起,避免利用较难掌握的汇编语言进行程序设计。

早期的单片机都是 4 位或 8 位的。其中最成功的是英特尔(Intel)的 8031,其因为简单可靠且性能不错获得了普遍好评。此后人们在 8031 基础上发展出了 MCS51 系列单片机系统。基于这一系列的单片机系统直到现在还在广泛使用。随着工业控制领域要求的提高,16 位单片机出现了,但因为性价比不理想并未得到广泛应用。20 世纪 90 年代后,随着消费电子产品的发展,单片机技术有了很大提高。后来以 ARM 系列为代表的 32 位单片机迅速取代了 16 位单片机,并且进入主流市场。而传统的 8 位单片机的性能也得到了飞速提高,比起 20 世纪 80 年代的型号,其处理能力提高了很多倍。目前,高端的 32 位单片机主频已经超过 300 MHz,性能直追 20 世纪 90 年代中期的专用处理器,而普通型号的出厂价格跌落至 1 美元,最高端型号的出厂价格也只有 10 美元。当代单片机系统已经不只在裸机环境下开发和使用,大量专用的嵌入式操作系统被广泛应用在全系列的单片机上。而作为掌上电脑和手机核心处理器的高端单片机甚至可以直接使用专用的 Windows 和 Linux 操作系统。事实上,单片机是世界上数量最多的计算机。现在人们生活中所用的电子和机械产品中几乎都会用到单片机。手机、计算器、家用电器、电子玩具、掌上电脑、鼠标等都最少配有 1～2 个单片机。而个人电脑中也会有为数不少的单片机。汽车上一般配有 40 多个单片机,复杂的工业控制系统上甚至可能有数百台单片机在同时工作!

1.单片机的技术发展阶段

单片机诞生于 20 世纪 70 年代末,经历了 SCM、MCU、SOC 三大阶段。单片机作为微型计算机的一个重要分支,应用面很广,发展很快。自单片机诞生至今,已发展出上百种系列、近千个机种。目前,单片机发展趋势是进一步向着 CMOS 化、低功耗、小体积、大容量、高性能、低价格和外围电路等几个方面发展。

（1）SCM 阶段

SCM 即单片微型计算机(Single Chip Microcomputer),这一阶段主要是寻求单片形态嵌入式系统的最佳体系结构。"创新模式"获得成功,奠定了 SCM 与通用计算机完全不同的发展道路。在开创嵌入式系统独立发展的道路上,Intel 公司功不可没。

（2）MCU 阶段

MCU 即微控制器(Micro Controller Unit),这一阶段主要的技术发展方向是:不断扩展满足嵌入式应用时,对象系统要求的各种外围电路与接口电路,突显其对象的智能化控制能力。它所涉及的领域都与对象系统相关,因此,发展 MCU 的重任不可避免地落在电气、电子技术厂家。从这一角度来看,Intel 逐渐淡出 MCU 的发展也有其客观因素。在发展 MCU 方面,最著名的厂家当数飞利浦(Philips)公司。Philips 公司以其在嵌入式应用方面的巨大优势,将 MCS-51 从单片微型计算机迅速发展到微控制器。因此,当我们回顾嵌入式系统发展道路时,不能忘记 Intel 和 Philips 两家公司的历史功绩。

（3）SOC 阶段

SOC 即单片应用系统(System-on-Chip)。单片机是嵌入式系统的独立发展之路,是寻求应用系统在芯片上的最大化解决方案。因此,专用单片机的发展自然形成了 SOC 化趋势。随着微电子技术、IC 设计、EDA 工具的发展,基于 SOC 的单片机应用系统设计会有较大的发展。因此,对单片机的理解可以从单片微型计算机、微控制器延伸到单片应用系统。

2.单片机经历的实践性历史阶段的划分

（1）第一阶段:4 位单片机时代(1970—1974 年)

这时的单片机已经包含多种 I/O 接口,如并行接口、A/D 转换接口和 D/A 转换接口等。这些丰富的接口使得 4 位单片机具有很强的控制能力。其主要用于收音机、电视机和电子玩具等产品中。

（2）第二阶段:中档 8 位单片机时代(1974—1978 年)

Intel 公司的 MCS-48 系列单片机是其中主要的代表产品。这时的单片机内部集成了 8 位 CPU、多个并行 I/O 端口、8 位定时器/计数器、小容量的 RAM 和 ROM 等。这种单片机中没有集成串行接口,操作仍比较简单。

（3）第三阶段:高档 8 位单片机时代(1978—1983 年)

以 Intel 公司的 MCS-51 系列单片机为典型代表。此时的单片机性能比前一代产品有明显提高,其内部增加了串行通信接口,具备多级中断处理系统,定时器/计数器扩展为 16 位,并且扩大了 RAM 和 ROM 的容量等。这类单片机功能强、应用范围广,至今仍有一定的应用市场。

（4）第四阶段:增强型单片机时代及 16 位单片机时代(1983 年至今)

这一阶段出现了许多新型的 8 位增强型单片机,其工作频率、内部存储器等都有很大的提升,例如 PIC 系列单片机、ARM 系列单片机、AVR 系列单片机、C8051F 系列单片机等。另外有些集成电路厂商还推出了 16 位单片机,甚至 32 位单片机。其功能越来越强大,集成度越来越高。

总的来说,现在的单片机产品非常丰富,但 4 位、8 位、16 位单片机均有其各自的应用领域。例如,4 位单片机多在一些简单的家电和玩具中使用,8 位单片机在中、小规模电子设计领域中的应用占主流,而高性能的 16 位单片机在比较复杂的控制系统中得到应用。

目前大多数的单片机都支持程序在系统(在线)编程(In System Program,ISP),只需一条 ISP 并口下载线,就可以把仿真调试通过的程序从 PC 写入单片机的 Flash 存储器内,省去了编程器。高级单片机还支持在线应用编程(IAP),可在线分布调试,省去了仿真器。

51 系列单片机是指 Intel 公司的 MCS-51 系列具有兼容内核的单片机。MCS-51 系列单片机是最早、最基本的单片机,功能也最简单。Intel 公司的 MCS-51 系列单片机包括 8031,8051,8032,8052,8751,8752 等。

现在集成电路技术飞速发展,各大芯片厂商提供了很多与 MCS-51 兼容的单片机。比如 Atmel 公司的 AT89C 系列、AT89S 系列,Silicon Laboratories 公司的 C8051F 系列,还有 Philips 公司的 8XC552 系列等。这些单片机采用兼容 MCS-51 的结构和指令系统,只是对其功能和内部资源等进行了不同程度的扩展。

这些具有兼容内核的 51 系列单片机,由于硬件结构和指令系统的一致性,大大方便了程序的移植,以及系统的升级,使用起来十分方便。

除了 51 系列单片机以外,还有其他一些具有不同指令集和内部结构的单片机,它们与 51 系列单片机一般不兼容。这些单片机包括 PIC 单片机、ARM 系列单片机等。

1.1.1　单片机的特点

单片机与通用微型计算机相比,在硬件结构、指令设置上均有其独到之处,主要特点如下。

(1)单片机中的存储器 ROM、RAM 严格分工。ROM 为程序存储器,只存放程序、常数及数据表格;而 RAM 则为数据存储器,用作工作区,存放变量。

(2)采用面向控制的指令系统。为满足控制的需要,单片机的逻辑控制能力要优于同等级的 CPU,特别是单片机具有很强的位处理能力,运行速度也较高。

(3)单片机的 I/O 端口引脚通常是多功能的。例如,通用 I/O 端口引脚可以复用作为外部中断或 A/D 输入的模拟输入口等。

(4)系统齐全,功能扩展性强,与许多通用微机芯片接口兼容,给应用系统的设计和生产带来极大的方便。

(5)单片机应用是通用的。单片机主要作为控制器使用,但功能上是通用的,可以像微处理器那样广泛地应用在各个领域。

(6)体积尺寸小,如各种贴片单片机。

(7)功能丰富,实时响应速度快,可对 I/O 端口直接操作。

(8)使用便捷,硬件结构简单,提供便捷的开发工具。

(9)性价比高,电路板小,接插件少。

1.1.2 单片机分类

单片机的分类并不是统一的和严格的。从不同角度,单片机大致可以分为通用型/专用型,总线型/非总线型,工控型/家电型,8 位、16 位/32 位。

1.通用型/专用型

这是按单片机适用范围、使用场合来区分的。例如,80C51 是通用型单片机,它不是为某种专业用途设计的;专用型单片机是针对一类产品设计生产的,例如为了满足电子万能表性能要求设计的单片机。

2.总线型/非总线型

这是按单片机是否提供并行总线来区分的。总线型单片机普遍设置有并行地址总线、数据总线、控制总线。另外,许多生产厂商已把单片机所需要的外围器件及外设接口集成在片内,可以不要并行扩展总线,以此减少成本,这类单片机称为非总线型单片机。

3.工控型/家电型

这是按照单片机的应用领域来区分的。工控型单片机运算能力强,适合工作在条件恶劣的环境下。家电型单片机通常封装小、价格低、外围器件和外设接口集成度高。

4.8 位、16 位/32 位

8 位单片机目前品种最为丰富、应用最为广泛,主要分为 51 系列及和非 51 系列单片机。51 系列单片机生产厂商有爱特梅尔(Atmel)、Philips、华邦(Winbond)等。非 51 系列单片机有微芯(Microchip)公司的 PIC 单片机、Atmel 公司的 AVR 单片机、义隆公司的 EM78 系列,以及摩托罗拉(Motorola)公司的 68HC05/11/12 系列单片机等。16 位单片机操作速度及数据吞吐能力在性能上比 8 位单片机有较大提高。目前,应用较多的有 TI 公司的 MSP430 系列、凌阳的 SPCE061A 系列、Motorola 公司的 68HC16 系列、Intel 的 MCS-96/196 系列等。32 位单片机主要指以 ARM 公司研制的一种 32 位处理器为内核(主要有 ARM7、ARM9、ARM10 等)的 ARM 芯片。32 位单片机运行速度和功能大幅提高,随着技术的发展以及价格的下降,将会与 8 位单片机并驾齐驱,如 ST 公司的 STM32 系列、Philips 公司的 LPC2000 系列、三星公司的 S3C/S3F/S3P 系列等。

1.2 单片机的应用

单片机是一种可通过编程控制的微处理器,单片机芯片自身不能单独运用于某项工程或产品上,它必须要靠外围数字器件或模拟器件的协调才可发挥其自身的强大功能,所以我们在学习单片机知识的同时不能仅仅学习单片机一种芯片,还要循序渐进地学习它外围的数字和模拟芯片知识,以及常用的外围电路的设计与调试方法等。

单片机属于控制类数字芯片,目前其应用领域已非常广泛,举例如下。

1.工业自动化

如数据采集、测控技术。

2. 智能仪器仪表

如数字示波器、数字信号源、数字万用表、感应电流表等。

3. 消费类电子产品

如洗衣机、电冰箱、空调机、电视机、微波炉、IC 卡、汽车电子设备等。

4. 通信

如调制解调器、程控交换技术、移动电话等。

5. 武器装备

如飞机、军舰、坦克、导弹、航天飞机、鱼雷制导、智能武器等。

这些电子器件内部无一不用到单片机，而且大多数电器内部的主控芯片就是由一块单片机来控制的，可以说，凡是与控制或简单计算有关的电子设备功能都可以用单片机来实现，当然需要根据实际情况选择不同性能的单片机。因此，所学专业为电子信息自动化或与电子有关的理工科学生，掌握单片机知识是最简单和基本的要求，如果大学四年，连单片机的知识都没有掌握，那么对于更高级的 CPLD、FPGA、DSP、ARM 技术，没有单片机知识做基本的支撑，学习起来将是难于上青天。

单片机的应用不仅在于它所带来的经济效益，更重要的是，它从根本上改变了控制系统的传统设计思想和方法。以前采用硬件电路实现的大部分控制功能，正在用单片机通过软件方法来实现。以前自动控制中的 PID 调节，现在可以用单片机实现具有智能化的数字计算控制、模拟控制和自适应控制。这种以软件取代硬件并能提高系统性能的控制技术称为微控技术。随着单片机的应用和推广，微控技术将不断发展和完善。

1.3 常见单片机

由于单片机种类繁多，本节仅对常用的几种单片机做一个简单的介绍和比较。

1.3.1 AVR 系列

AVR 单片机是 Atmel 公司推出的较为新颖的单片机，其显著的特点是高性能、高速度、低功耗。它取消了机器周期，以时钟周期为指令周期，实行流水作业。AVR 单片机指令以字为单位，且大部分指令都为单周期指令。通常，AVR 单片机的时钟频率为 4~8 MHz，故最短指令执行时间为 250~125 ns。其通用寄存器一共有 32 个（R0，R1，R2，…，R31），前 16 个寄存器（R0，R1，R2，…，R15）都不能直接与立即数打交道，因而通用性有所下降。而在 51系列中，它所有的通用寄存器（地址 00~7FH）均可以直接与立即数打交道，显然要优于前者。AVR 的专用寄存器集中在 00~3F 地址区间，使用起来比 PIC 方便。当程序复杂时，通用寄存器 R0，R1，R2，…，R31 就显得不够用了。而 51 系列的通用寄存器多达 128 个（为AVR 的 4 倍），编程时就不会有这种感觉。AVR 的 I/O 端口引脚类似 PIC，它也有用来控制输入或输出的方向寄存器，在输出状态下，高电平输出的电流在 10 mA 左右，低电平输入电流 20 mA。AVR 在性能上虽不如 PIC，但比 51 系列强。

1.3.2 51 系列

应用最广泛的 8 位单片机首推 Intel 的 51 系列。51 系列单片机由于产品硬件结构合理,指令系统规范,加之生产历史悠久,有先入为主的优势。国际上许多著名的芯片公司都购买了 51 系列芯片的核心专利技术,并在其基础上进行性能上的扩充,使得芯片功能得到进一步完善,形成了一个庞大的体系,其型号直到现在仍在不断翻新。有人推测,51 系列芯片可能最终形成事实上的标准 MCU 芯片。51 系列单片机优点之一是它从内部的硬件到软件有一套完整的按位操作系统(位处理器,或布尔处理器)。它的处理对象不是字或字节而是位。它不仅能对片内某些特殊功能寄存器的某位进行处理,如传送、置位、清零、测试等,还能进行位的逻辑运算,其功能十分完备,使用者用起来得心应手。虽然其他种类的单片机也具有位处理功能,但能进行位逻辑运算的实属少见。51 系列单片机既可做字节处理,也可做位处理。例如,一个较复杂的程序在运行过程中会遇到很多分支,需建立很多标志位,并对有关的标志位进行置位、清零或检测,以确定程序的运行方向,这体现了其位处理的灵活性。51 系列单片机的另一个优点是易于实现乘法和除法指令,这也给编程带来了便利。做乘法时,只需一条指令,即 MULAB(两个乘数分别在累加器 A 和寄存器 B 中。积的低位字节在累加器 A 中,高位字节在寄存器 B 中)。很多 8 位单片机不具备乘法功能,做乘法时还得编上一段子程序调用,十分不便。51 系列单片机的二进制-十进制调整指令 DA能将二进制变为 BCD 码,这对于十进制的计量十分方便。而在其他单片机中,实现这一功能也需调用专用的子程序才行。51 系列 I/O 端口引脚使用简单,但高电平时输出能力有限,可谓有利有弊。故其他系列的单片机(如 PIC 系列、AVR 系列等)对 I/O 端口进行了改进,虽然增加了方向寄存器以确定输入或输出,但是使用起来也更复杂。与 80C51 单片机兼容的主要产品如下:

(1)Atmel 公司的 AT89C/S5X 系列;

(2)Philips 公司的 80C51 系列;

(3)LG 公司的 GMS90/97 系列;

(4)Winbond 公司的 W78C5 系列;

(5)Siemens 公司的 C501 系列;

(6)ST 公司的 STC89/12/15 系列。

1.3.3 PIC 系列

PIC 系列单片机是美国微芯公司的产品,是当前市场份额增长最快的单片机之一。其CPU 采用 RISC 结构,分别有 33 条、35 条、58 条指令(视单片机的级别而定),属精简指令集。而 51 系列单片机有 111 条指令,AVR 系列单片机有 118 条指令,都比前者复杂。PIC系列单片机采用 Harvard 双总线结构,运行速度快(指令周期为 160~200 ns),它能使程序存储器的访问和数据存储器的访问并行处理。这种指令流水线结构,在一个周期内完成两部分工作:一是执行指令,二是从程序存储器中取出下一条指令,这样总的看来每条指令只需一个周期(个别除外),这也是该系列单片机高效率运行的原因之一。此外,它还具有工作电压低、功耗低、驱动能力强等特点。PIC 系列单片机共分三个级别,即基本级、中级、高级。其中以中级的 PIC16F873(A)、PIC16F877 (A)用得最多,这两种芯片除了引脚不同外(PIC16F873(A) 为 28 脚的 DIP 或 SOIC 封装,PIC16F877(A)为 40 脚的 DIP 或 44 脚的 PLCC/QFP 封装),其他的差别并不很大。

PIC 系列单片机的 I/O 端口是双向的,其输出电路为 CMOS 互补推挽输出电路。I/O 端口引脚增加了用于设置输入或输出状态的方向寄存器。

1.4　STC 系列单片机

MCS51 单片机是目前国内使用最广泛的一种机型,全球各单片机生产厂商在 MCS51 内核基础上,开发了大量的 51 内核系列单片机,极大地丰富了 MCS51 的种群。其中,具有我国独立自主知识产权的 STC 公司推出了 STC89 系列单片机,该系列单片机增加了大量的新功能,提高了 51 系列单片机的性能,是 MCS51 家族中的佼佼者。STC 是全球最大的 8051 单片机设计公司,STC 是 System Chip(系统芯片)的缩写,其所设计的单片机因性能出众,引领着行业的发展方向,被用户评为 8051 单片机全球第一品牌,51 系列中的"战斗机"。STC 系列单片机技术成熟且功能优异, 它是由深圳市宏晶科技有限公司研制发明的,该系列的单片机相对于传统的 8051 单片机有很多优势,比如在性能、片内资源、工作速率上都有大幅提升。图 1.4.1 是 STC 系列一款单片机(STC89C51RC)的实物图。

图 1. 4. 1　STC89C51RC 单片机实物图

为了满足教学需求,本书的大部分实例以 STC89C52 单片机为核心控制器进行讲解。但是对于 STC 高性能单片机我们也将持续关注。特别值得注意的是, STC 系列单片机采用了基于 Flash 的在线系统编程技术,使单片机在系统开发方面变得简单快捷,避免了由使用仿真器和专用编码器带来的不便,也方便同学们学习。目前单片机生产厂商众多,其中单片机种类也琳琅满目,为了满足不同单片机应用系统的控制需求,STC 系列单片机具有百种单片机产品,可直接替换 Atmel、Philips、Winbond 等公司的产品。从单片机工作速率和片内资源配置角度分析,STC 分为若干个系列产品。如按照工作速率分为 12/6T 和 1T 产品,其中 12/6T 是指一个机器周期内的 12 个时钟或 6 个时钟,这种产品包括 STC89 和 STC90 两个系列。1T 是指一个机器周期只有 1 个系统时钟,包括 STC11/10 和 STC12/15 两个系列。为了适应市场需求,STC 公司发布了最先进的 8051 增强型 15 系列单片机。目前,STC 公司与国内 100 多所高校建立了 STC 高性能单片机联合实验室。

1.5 案例分析

通过学习单片机,不仅能实现简单的 DIY 设计,也可以做一些综合类的项目,例如智能小车、智能家居、温室大棚等。以智能小车为例,要确定智能小车的功能,实现智能小车的前进、后退、左转、右转、停车、躲避障碍物、蓝牙遥控等功能。明确功能后,通过设计智能小车电源电路、单片机的最小系统电路、驱动电路、遥控电路、灯光电路等完成硬件电路设计和软件功能代码编写。具体电路图如图 1.5.1 所示。

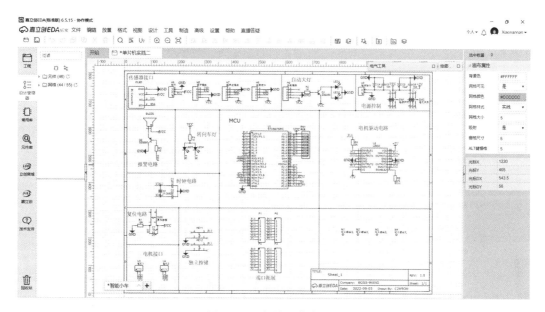

图 1.5.1 智能小车电路图

习题与思考题

1. 单片机的定义是什么？单片机是否有其他名称？
2. 简述单片机的分类和组成。
3. 单片机具有哪些功能？
4. 列举两款实验室或现实生活及工业控制领域常用的单片机。
5. 查阅资料,简述单片机与家用计算机的区别。

第 2 章　51 单片机 C51 程序设计

学习意义

完成本章的学习之后,你将对单片机 C 语言编程的基础知识,包括 C51 程序设计的基本语法、函数、数据结构等内容有一定的了解。本章还介绍了单片机调试软件 Keil C51 的应用及其调试、仿真技巧。

学习目标

- 了解单片机 C 语言编程的基本概念;
- 了解单片机 C 语言应用系统开发的基本方法;
- 掌握 C51 程序的编写方法,能够编制和调试简单常用的程序;
- 掌握 51 系列单片机的仿真技术及应用。

学习指导

仔细阅读所提供的知识内容,查阅相关资料,咨询指导教师,完成相应的学习目标。确保在完成本章学习后你想到的问题都能够得到解答。

学习准备

复习、回忆你所学过的计算机软件方面的相关基础知识,查阅相关资料,了解各种编程语言的应用方向。

学习案例

通过本章的学习,我们将要完成以下案例目标:利用四种编程方法循环点亮(从左到右或从右到左)8 个流水灯。实验效果图及实验资料二维码如图 2.0.1 和图 2.0.2 所示。

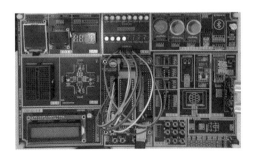

图 2.0.1　实验效果图

图 2.0.2　实验资料二维码

2.1　Keil C51 开发工具

2.1.1　Keil μVision5 软件简介

Keil C51 是美国 Keil Software 公司出品的 51 系列兼容单片机的 C 语言软件开发系统，与汇编语言相比，C 语言功能的结构性、可读性、可维护性有明显的优势，因而易学、易用。Keil 提供了包括 C 编译器、宏汇编、链接器、库管理和一个功能强大的仿真调试器等在内的完整开发方案，通过一个集成开发环境（μVision）将这些部分组合在一起。运行 Keil 软件需要 Windows XP、Windows 7、Windows 10 等操作系统。2009 年 2 月 Keil Software 公司发布了 Keil μVision4，Keil μVision4 引入灵活的窗口管理系统，使开发人员能够同时使用多台监视器，实现了从视觉上对窗口位置的完全控制。2013 年 10 月，Keil Software 公司正式发布了 Keil μVision5，这是目前的最新版本。新的用户界面可以更好地利用屏幕空间并更有效地组织多个窗口，为用户提供一个高效的环境来开发应用程序。新版本支持多种新型 ARM 芯片，并添加了多种新功能。

在单片机学习的过程中，掌握一定的汇编语言是非常有必要的。作为低级语言，汇编语言在单片机开发中有其不可取代的作用，比如每条指令可以精确地确定延时时间，便于理解，非常适合硬件工程师学习。但是要提高单片机技能，必须掌握 C 语言编程方法，因为 C 语言有强大的模块化管理思想。与汇编语言相比，C 语言在功能、结构性、可读性、可维护性上有明显的优势，因而易学、易用。

2.1.2　Keil μVision5 软件安装

用户需购买 Keil μVision5 软件的安装光盘，或者到互联网下载该软件。

Kei μVision5 软件安装步骤如下。

（1）打开软件安装包，找到安装文件（C51-V957.exe 文件），双击该文件进行安装，如图 2.1.1 所示。

（2）进入安装界面，点击"Next"，进入下一步，如图 2.1.2 所示。

（3）勾选同意条款，点击"Next"，进入下一步，如图 2.1.3 所示。

（4）选择安装路径，点击"Next"，进入下一步，如图 2.1.4 所示。

（5）填写安装信息，点击"Next"，进入下一步，如图 2.1.5 所示。

（6）程序进行安装，如图 2.1.6 所示。

（7）点击"Finish"，程序安装结束，如图 2.1.7 所示。

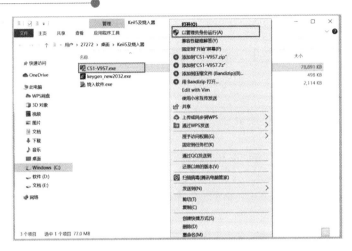

图 2.1.1　Keil μVision5 安装界面 1

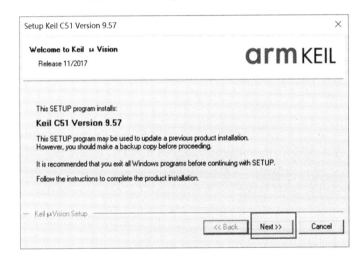

图 2.1.2　Keil μVision5 安装界面 2

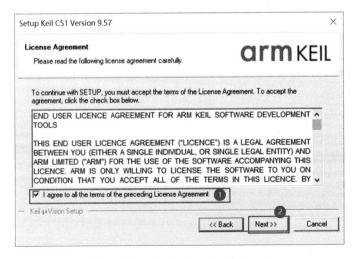

图 2.1.3　Keil μVision5 安装界面 3

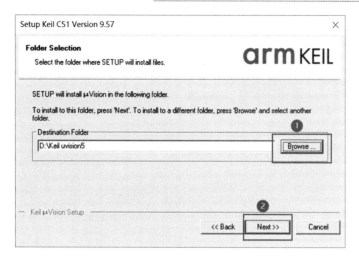

图 2.1.4　Keil μVision5 安装界面 4

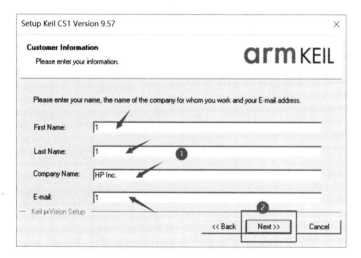

图 2.1.5　Keil μVision5 安装界面 5

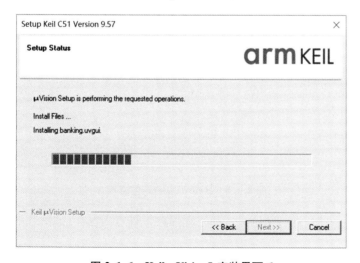

图 2.1.6　Keil μVision5 安装界面 6

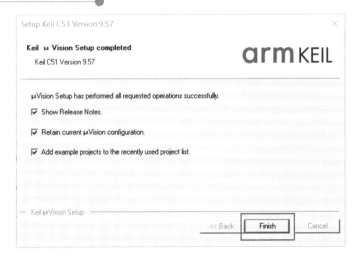

图 2.1.7　Keil μVision5 安装界面 7

2.1.3　Keil μVision5 案例目标的实现

1. 案例目标

使用 Keil μVision5 软件创建工程和文件,并生成.hex 文件。

2. 案例步骤

(1)打开 Keil μVision5 软件。

(2)点击"Project-New μVision Project…"新建一个工程,如图 2.1.8 所示。

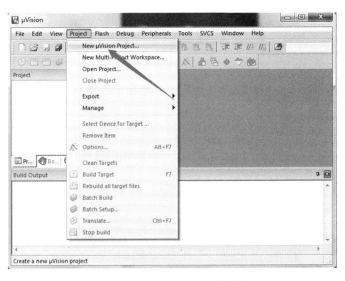

图 2.1.8　Keil μVision5 主界面 1

之后会弹出一个对话框,在这里选择工程保存位置点击保存,如图 2.1.9 所示。

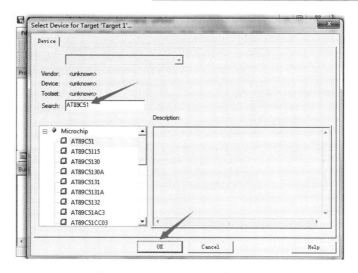

图 2.1.9 Keil μVision5 主界面 2

保存后出现如下提示,点击"否",如图 2.1.10 所示。

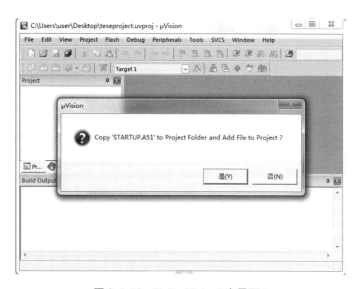

图 2.1.10 Keil μVision5 主界面 3

(3)新建一个工程文件,点击"File-New..."。之后右侧会出现编辑区,如图 2.1.11 所示。

保存此文件,这里命名为"main.c",如图 2.1.12 所示。

保存之后就可编写 C 文件了,根据自己的需要在右侧编辑区编辑即可,如图 2.1.13 所示,编辑完成后保存。

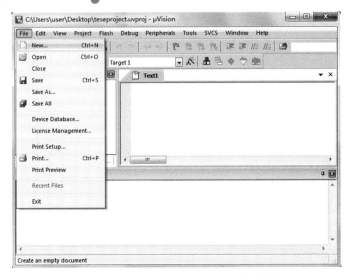

图 2.1.11　Keil μVision5 新建工程界面

图 2.1.12　Keil μVision5 工程文件保存路径对话框

图 2.1.13　Keil μVision5 编写程序界面

编写完成后将程序文件添加到工程中,如图 2.1.14 所示。

图 2.1.14　Keil μVision5 添加程序文件界面

（4）配置输出.hex 文件。使用 Keil μVision5 最后要生成.hex 文件，需要点击 Project 菜单的 Option to Target "Target1" 选项，在弹出的对话框中选择"Output"选项，勾选"Creat HEX File"，如图 2.1.15 所示。

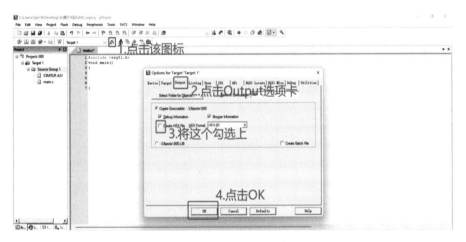

图 2.1.15　Keil μVision5 输出.hex 文件界面

2.2　STC-ISP V6.83 程序下载软件

2.2.1　软件安装及主要功能介绍

STC-ISP 下载软件主要功能是将使用 Keil μVision5 编写的程序（生成的 .hex 或.bin 文件）下载到 STC 系列单片机上，这样省去下载器的麻烦，非常方便。

STC-ISP 下载软件一般为绿色版，可以直接运行，双击 STC-ISP V6.85.exe 文件打开 STC-ISP（V6.85）主界面，就可以直接使用了，主界面如图 2.2.1 所示。

图 2.2.1 STC-ISP 下载主界面

2.2.2 STC 下载软件案例目标的实现

STC 下载软件的目的是将编译好的程序 .hex 文件下载到单片机开发板的 STC 主芯片中。硬件设备需要准备计算机一台、STC 单片机学习板一块、USB 转 COM 口转接线一条,以及 USB-TTL 下载器(PL2303 或 CH340)。软件需要准备 USB 口驱动程序(USB-串口驱动以及 PL2303 驱动或 CH340 驱动)、STC-ISP(V6.85)下载软件。下载方式一般有三种:(1)电脑插入 USB 口,开发板连接四个排针;(2)电脑插入 9 针 COM 口,开发板也插入 9 针 COM 口;(3)电脑插入 USB 口,开发板插入 9 针 COM 口(方式(1)和方式(3)需要安装 USB 口驱动程序),在实验室中第一种下载方式比较常见。

STC 软件下载的具体步骤如下。

1. USB 口驱动

如果用户的电脑第一次使用开发板 USB 口,请先安装 USB 口驱动程序,完成硬件安装,生成一个可供使用的 COM 口。

2. 硬件连接

连接方式(1)如图 2.2.2(a)所示,杜邦连线需 T-R 与 R-T 对应,否则无法实现程序下载,正负(VCC 与 GND)插反会损坏单片机。如果没有开关,下载时需要拔插 VCC 或 GND。

连接方式(2)如图 2.2.2(b)所示、连接方式(3)如图 2.2.2(c)所示,这两种方式都需要安装驱动程序,本开发板内置 CH340 驱动芯片,适合台式电脑或笔记本电脑。

(a)连接方式(1)

(b)连接方式(2)

(c)连接方式(3)

图 2.2.2　开发板连接界面

3. 打开电脑的设备管理器端口

依据我的电脑→右键→设备管理器步骤打开设备管理器对话框,如图 2.2.3 所示。不同的电脑的 COM 口号是不同的,记录自己的电脑对应的 COM 口号(图中圈定),本台电脑为 COM4。

图 2.2.3　设备管理器 COM 口界面

4.下载程序

（1）打开 STC-ISP （V6.85）下载软件的界面，如图 2.2.4 所示，选择单片机的型号：STC89C52RC。

图 2.2.4　STC-ISP 下载软件主界面选项

（2）选择单片机对应的 COM 口号：COM4，该 COM 口号就是步骤 3 中 USB 口驱动后产生的 COM 口号。

（3）选择打开程序文件，选择要下载的.hex 程序文件。

（4）点击"下载/编程"，然后打开开发板的电源，程序就下载到 STC 单片机中了，可以看到程序的运行结果。相关界面如图 2.2.5、图 2.2.6 所示。

图 2.2.5 文件打开路径界面

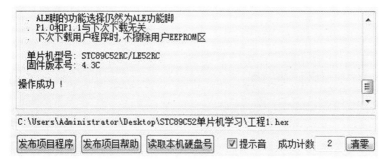

图 2.2.6 STC-ISP 下载成功信息界面

2.3 Proteus 仿真开发工具

2.3.1 软件功能简介与安装

1. 软件功能简介

Proteus 是英国 Labcenter electronics 公司开发的 EDA 工具软件(仿真软件),它不仅具有其他 EDA 工具软件的仿真功能,还具有仿真单片机及外围器件的功能。它是目前最好的仿真单片机及外围器件的工具。该软件虽然目前的国内推广刚起步,但已受到单片机爱好者、从事单片机教学的教师、致力于单片机开发应用的科技工作者的青睐。Proteus 是世界上著名的 EDA 工具,从原理图布图、代码调试到单片机与外围电路协同仿真,均可实现一键切换到 PCB 设计,真正实现了从概念到产品的完整设计;是目前世界上唯一将电路仿真软件、PCB 设计软件和虚拟模型仿真软件三合一的设计平台,其处理器模型支持 8051、HC11、PIC10/12/16/18/24/30/ DsPIC33、AVR、ARM、8086 和 MSP430 等,2010 年增加了 Cortex 和 DSP 系列处理器,并持续增加其他系列处理器模型。在编译方面,它也支持 IAR、Keil 和 MPLAB 等多种编译器。2022 年发布的 Arduino-STM32 Blue Pill 仿真模型采用了

STM32F103C8T6 芯片作为控制器。Proteus 可视化设计支持 Arduino-STM32 Blue Pill 仿真模型。

Proteus 具有以下 4 大功能模块：

（1）智能原理图设计；

（2）完善的电路仿真功能；

（3）独特的单片机协同仿真功能；

（4）实用的 PCB 设计平台。

2. 软件安装

（1）下载解压 Proteus 8.13 的安装包。

（2）点击 . exe 文件，进入安装，点击"Next"。

（3）勾选同意条款，点击"安装"界面，如图 2.3.1 所示。

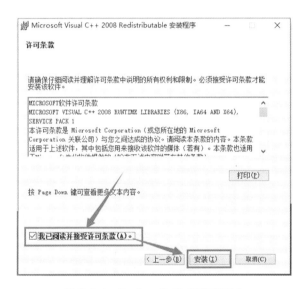

图 2.3.1　Proteus 8.13 安装界面 1

（4）点击"完成"，如图 2.3.2 所示。

（5）点击"Browse…"选择软件安装位置，然后点击"Next"，也可以直接更改盘符，把 C 直接更改成 D，如图 2.3.3 所示。

（6）点击"Next"，如图 2.3.4 所示，安装进度显示如图 2.3.5 所示。

（7）点击"Finish"，如图 2.3.6 所示。

（8）返回解压完的安装文件夹，复制"Translations"文件夹，如图 2.3.7 所示。

（9）在桌面找到刚安装好的软件图标，鼠标右击，选择"打开文件所在的位置"，打开软件的安装目录文件夹，如图 2.3.8 所示。

（10）点击上一层目录，如图 2.3.9 所示。

（11）将刚复制的"Translations"文件夹粘贴到该目录中，如图 2.3.10 所示。

（12）选择"替换目标中的文件（R）"，如图 2.3.11 所示。

（13）返回桌面打开软件，安装完成，启动界面如图 2.3.12 所示。

图 2.3.2　Proteus 8.13 安装界面 2

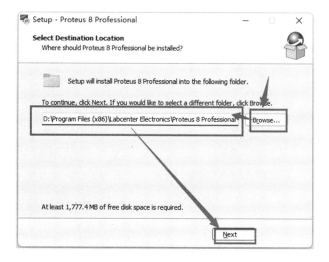

图 2.3.3　Proteus 8.13 安装界面 3

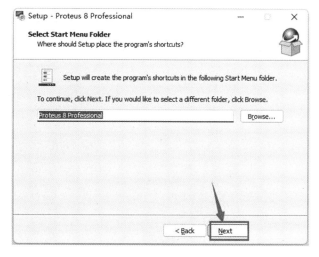

图 2.3.4　Proteus 8.13 安装界面 4

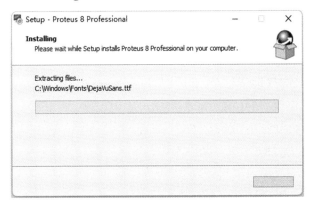

图 2.3.5　Proteus 8.13 安装界面 5

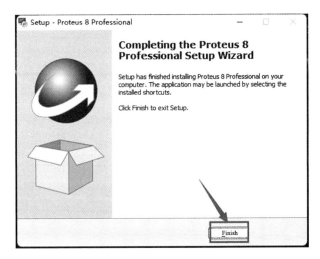

图 2.3.6　Proteus 8.13 安装界面 6

图 2.3.7　Proteus 8.13 汉化界面 1

图 2.3.8 Proteus 8.13 汉化界面 2

图 2.3.9 Proteus 8.13 汉化界面 3

图 2.3.10 Proteus 8.13 汉化界面 4

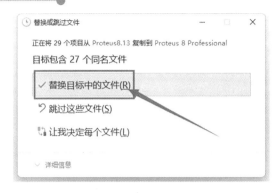

图 2.3.11　Proteus 8.13 汉化界面 5

图 2.3.12　Proteus 8.13 启动界面

2.3.2　Proteus 仿真软件案例目标的实现

使用 Proteus 仿真软件完成点亮 8 个 LED 小灯。

1.绘制原理图

(1)打开 Proteus 8.13 仿真软件,主界面如图 2.3.13 所示,打开软件即创建一个 Design 文件,就可以在框线区域内绘制原理图了。

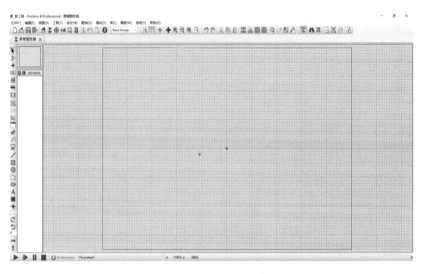

图 2.3.13　Proteus 8.13 主界面

具体仿真之前先介绍一下常用的绘图工具(从左到右),Proteus 工具栏如图 2.3.14 所示。

图 2.3.14 Proteus 工具栏

🡤:选择模式。

🡡:元件模式。

🡲:放置连接点。

▦:标注线标签或网络标号。

▥:输入文本。

╪:绘制总线。

⊟:绘制子电路。

▯▯:选择端子。

🡡:选择原件。

▨:引脚仿真图表。

▣:分割仿真模式。

◉:信号源模式。

🖊:电压探针。

🖊:电流。

▨:探针。

╲:虚拟仪器画线。

■:画一个方块。

●:画一个圆。

◠:画弧线。

8:图形弧线模式。

◀:图形文字模式。

▣:图形符号模式。

(2)绘制电路图,点击元器件按钮,添加所需要的元器件,本例中需要添加 STC89C52RC 单片机、晶振、电容、电阻、按键、8 个 LED 小灯、电源、接地,这里以添加电阻为例进行介绍,如图 2.3.15 至图 2.1.19 所示。

①点击 🅿,添加元器件,如图 2.3.15 所示。

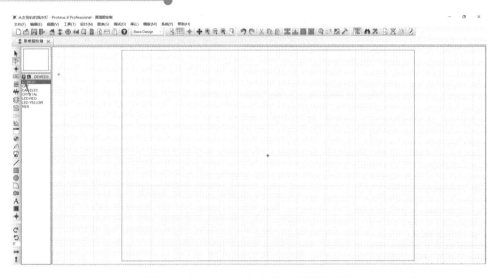

图 2.3.15　Proteus 8.13 添加元器件界面

②选择元器件及型号,如图 2.3.16 所示。

图 2.3.16　Proteus 8.13 元器件选择界面

③将所添加的元器件放置到框线中,摆放在相应的位置,如图 2.3.17 所示。

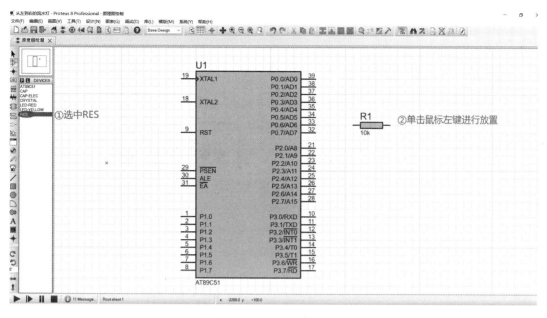

图 2.3.17　Proteus 8.13 元器件摆放界面

④依此例完成其他元器件的放置后,点击连接点 ✚ 按钮,将各个元器件连接在一起,如图 2.3.18 所示。

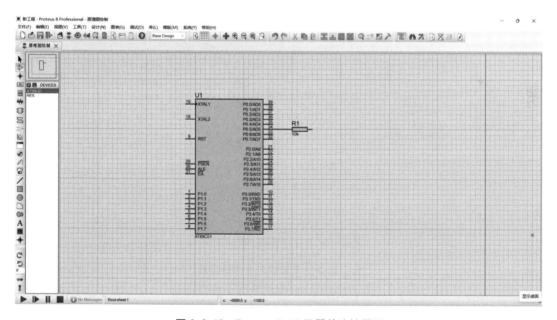

图 2.3.18　Proteus 8.13 元器件连接界面

⑤完成后的仿真电路图如图 2.3.19 所示。

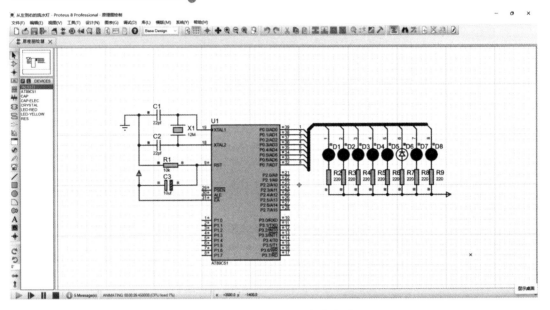

图 2.3.19　Proteus 8.13 仿真电路图

2. 添加程序文件进行仿真

（1）双击单片机，打开界面，点击圈中的按钮，如图 2.3.20 所示。

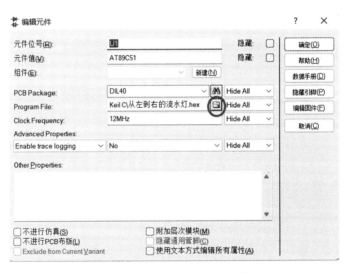

图 2.3.20　添加程序文件对话框

（2）添加. hex 文件，如图 2.3.21 所示。

图 2.3.21　添加.hex 文件对话框

（3）点击图 2.3.22 所示的界面左下角的运行按钮，电路中的 8 个 LED 小灯被点亮，仿真实现。

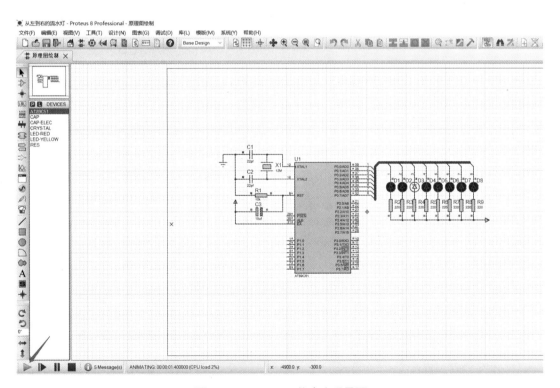

图 2.3.22　Proteus 仿真实现界面

2.4 C51 程序设计基础

单片机 C 语言,通常简称为 C51 语言,单片机 C 语言继承了 C 语言结构上的优点,便于学习,又有汇编语言操作硬件的能力,因此被广泛用于单片机程序设计中。

2.4.1 C51 的程序结构

C51 程序的基本单位是函数,一个 C51 源程序至少包含一个主函数,也可以是一个主函数和若干个其他函数。主函数是程序的入口;主函数中的所有语句执行完毕,则程序结束。

程序举例:

实现点亮 1 个 LED 灯,原理图如图 2.4.1 所示。

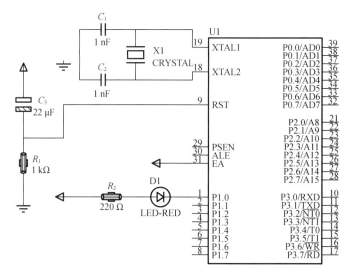

图 2.4.1 点亮 1 个 LED 灯原理图

1. C51 语言

```
预处理命令------#include <reg51.h>        //51 单片机头文件
函数说明--------void delay();            //延时函数声明
全局变量定义----sbit P1_0 = P1^0;         //输出端口定义
主函数----------main{                     //主函数
                while(1)                  //无限循环体
                {
                P1_0 = 0;                 //P1.0 = "0",LED 亮
                delay();                  //延时
                }
                }
自定义函数---------void delay(void){       //延时函数
局部变量定义-------unsigned char i;        //字符型变量 i 定义
```

```
函数体----------for(i=200;i>0;i--);                    //循环延时
                  }
```

2. 汇编语言

```
ORG 0000H
I OOP: CLR P1.0
ACALL DEI 50
SETB P1.0
SJMP I OOP
DEL 50: MOV R7,#200
DEL1: MOV R6,#125
DJNZ R6, $
DJNZ R7,DEL1
RET
END
```

3. C 语言的优点及缺点

(1)优点:具有可读性强、易于调试维护、编程工作量小的特点。C 语言由于允许直接访问物理地址,能直接对硬件进行操作,可实现汇编语言的部分功能,因而兼有高级和低级语言的特点,适用范围广。目前 C51 语言已成为 51 单片机程序开发的主流编程语言。

结构化语言,代码紧凑——效率可与汇编语言媲美(但仍不如)。

接近真实语言,程序可读性强——易于调试、维护。

库函数丰富,编程工作量小——产品开发周期短。

具有机器级控制能力,功能很强——适合于嵌入式系统开发。

与汇编指令无关,易于掌握——在单片机基础上上手快。

(2)缺点:执行效率不如汇编语言。

2.4.2　C51 的常量

符号常量:用标识符代表常量。

在程序中定义:

$$\#define \quad PI \quad 3.1415$$

注意:使用之前必须先用编译预处理命令进行定义。

2.4.3　C51 的变量

1. 变量的命名规则

(1)由 a~z、A~Z、0~9、_组成

(2)变量名的第一个字符不能是数字

(3)关键字不能作为变量名

(4)区分大小写

2. 变量的定义方式

```
unsigned int k;                //定义一个变量
unsigned int i, j, k;          //定义多个变量
unsigned int i=6, j;           //定义变量的同时给变量赋初值
```

2.4.4　C51 的运算符

运算符的类型如表2.4.1所示。

表 2.4.1　运算符的类型

运算类型	运算符	优先级	结合性
括号运算符	( )	1	从左至右
逻辑非和按位取反	!、~	2	从右至左
算术运算	*、/、%	3	从左至右
	+、-	4	从左至右
左移、右移运算	<<、>>	5	从左至右
关系运算	<、<=、>、>=	6	从左至右
	==、!=	7	从左至右
位运算	&	8	从左至右
	^	9	从左至右
	|	10	从左至右
逻辑与	&&	11	从左至右
逻辑或	||	12	从左至右
赋值运算与复合赋值运算	=、+=、-=、*=、/=、%=、&=、^=、|=、<<=、>>=	14	从右至左

2.4.5　C51 的常用语句

1. if 语句的语法

```
if(表达式)
{
  语句组;
}
```

if 语句结构图如图2.4.2所示。

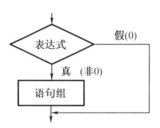

图 2.4.2　if 语句结构图

2. if-else 语句的语法

```
if（表达式）
{
  语句组1；
}
else
{
  语句组2；
}
```

if-else 语句结构图如图2.4.3所示。

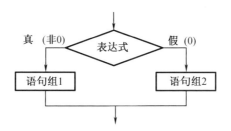

图 2.4.3 if-else 语句结构图

3. if-else-if 语句的语法

```
if（表达式1）
  {语句组1；  }
else if（表达式2）
  {语句组2；  }
   …
else if（表达式n）
  {语句组n；  }
else
  {语句组n+1；  }
```

if-else-if 语句结构图如图2.4.4所示。

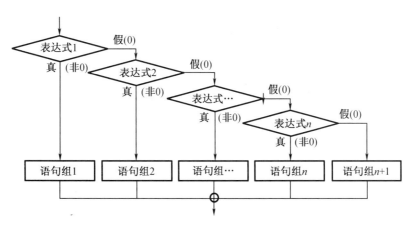

图 2.4.4 if-else-if 语句结构图

4. switch 语句的语法

```
switch(表达式)
{
  case 常量表达式 1：语句 1;break;
  case 常量表达式 2：语句 2;break;
  ...
  case 常量表达式 n：语句 n;break;
  default:语句 n+1;break;
}
```

5. while 语句的语法

```
while(表达式)
{
语句组；
}
```

while 语句结构图如图 2.4.5 所示。

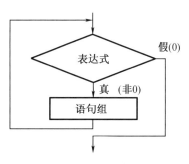

图 2.4.5 while 语句结构图

6. do-while 语句的语法

```
do
{
语句组；
} while(表达式);
```

do-while 语句结构图如图 2.4.6 所示。

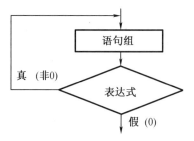

图 2.4.6 do-while 语句结构图

7. for 语句的语法

```
for(表达式1;表达式2;表达式3)
{
语句组;
}
```

for 语句结构图如图 2.4.7 所示。

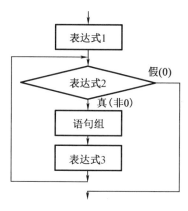

图 2.4.7 for 语句结构图

8. break 语句和 continue 语句

（1）break 语句

break 语句通常用在循环语句和开关语句中。

（2）continue 语句

其作用是跳过循环体中剩余的语句而强行执行下一次循环。

break 语句和 continue 语句结构图如图 2.4.8 所示。

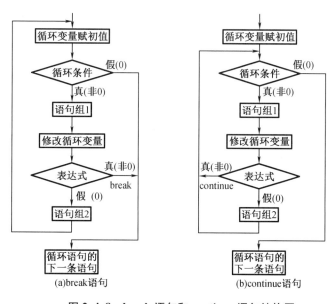

图 2.4.8 break 语句和 continue 语句结构图

2.4.6 C 语言的函数

一个 C 语言函数由两部分组成:函数定义和函数体。其中,函数定义部分包括函数类型、函数名、函数属性、函数参数(形式参数)名、参数类型等,程序举例:

```
void main()
    ｛        ｝
void delay(unsigned int i)
    ｛        ｝
```

C51 的函数调用原则:先定义(或声明),后调用。

(1)使用库函数,必须先在程序开始处使用#include 预处理命令,进行库函数使用声明。

(2)使用自定义函数,必须在调用前先进行函数定义。

(3)使用自定义函数还可以在调用前先进行函数使用声明,在主函数后面再进行函数定义。

程序举例:

```
#include <reg51.h>              //包含寄存器库函数头文件,调用 51 单片机 SFR
#include <intrins.h>            //包含内部函数库头文件,调用左移、右移函数
void delay(unsigned inti)       //定义延时函数
｛     unsigned int k;
        for(k=0;k<i;k++) ;
｝
void main()                     //主函数
｛     P1 = 0x7F;                //调用 P1 端口寄存器变量
    while(1)                    //无限循环
        ｛
            P1 = _cror_(P1,1);   //调用右移函数,将 P1 的二进制数值循环右移一位
            delay(5000);         //延时
        ｝
｝
```

2.4.7 一维数组

一维数组的赋值方法——初始化赋值。

使所有元素为 0;int score[5] = ｛0｝;

数组元素的个数决定数组长度,如图 2.4.9 所示。

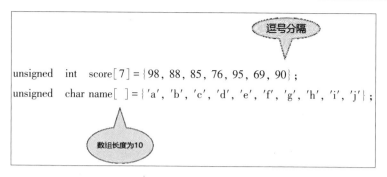

逗号分隔

```
unsigned   int   score[7] = {98, 88, 85, 76, 95, 69, 90};
unsigned   char name[ ] = {'a', 'b', 'c', 'd', 'e', 'f', 'g', 'h', 'i', 'j'};
```

数组长度为10

图 2.4.9　一维数组初始化

　　一维数组的赋值方法——用赋值语句给数组元素赋值。

```
unsigned   int   score[7];                                    //数组定义
score[1] = 98;
score[2] = 88;
score[3] = 85;
score[4] = 76;
score[5] = 95;
score[6] = 69;
score[7] = 90;
score[8] = 90;(错误)
```

　　一个数组元素具有和相同类型单个变量一样的属性,可以对它赋值,以及参与各种运算。注意:数组元素的下标不能越界。

　　程序举例:

```
#include <reg51.h>                              //包含头文件 reg51.h
void delay ( unsigned inti );                    //声明使用延时函数
void main()                                      //主函数
{
    unsigned chari;
    unsigned chardisplay[ ] = {0xfe, 0xfd, 0xfb, 0xf7, 0xef, 0xdf, 0xbf, 0x7f};
    while(1){
        for(i = 0;i<8;i++){
    P1 = display[i];                             //显示字送 P1 口
    delay(20000) ;                               //延时
        }
    }
}
void delay (unsigned inti )
{
    unsigned int k;
    for( k = 0; k<i; k++  ) ;
}
```

2.4.8 二维数组

二维数组的定义:数组类型　数组名［行长度］［列长度］；

unsigned　int score[3][7];

程序举例:

```
void disp()                         // 函数功能:6 个数码管交替显示
                                       901225、125315
        {
        unsigned chari, j, num;
        unsigned char led[2][6]={{0x90, 0xc0, 0xf9, 0xa4, 0xa4, 0x92},
        {0xf9, 0xa4, 0x92, 0xb0, 0xf9 , 0x92}};
                                       //保存二组数据的字形码
        unsigned  char  com[ ]={ 0xfe, 0xfd, 0xfb, 0xf7, 0xef, 0xdf};
                                       //保存数码管位选码
        for(num=0; num<2; num++)       //遍历两屏显示的字符
        for(j=0; j<100;j++)            //每屏字符显示 100 遍,稳定显示
                                          的效果
        for(i=0; i<6; i++)             //遍历每位数码管显示的字符
            {
        P1 = 0xff;                     //送全 1,关显示
        P2 = com[i];                   //送位选码
        P1 = led[num][i];              //显示字送 P1 口
        delay(100);                    //延时
            }
            }
```

当 num=1,i=3 的时候,数组元素 led[1][3]的值是'3'的字形码 0xb0,通过 P1 端口送给数码管显示。

2.4.9 字符数组

字符数组的定义: char　数组名［数组长度］；

char ch[10];

字符数组的初始化赋值:

char ch[10]={'c','h','i','n','e','s','e','\0'};

char ch[ ]={'c','h','i','n','e','s','e','\0'};

没有赋值的数组元素系统将自动赋予空格字符。

可以以字符串的方式进行初始化赋值:

ch[10]={"chinese"}; （或者 char　ch[10]="chinese"; ）

一个字符串可以用一维数组来存储,单数组元素个数一定要比字符多一个,即字符串的结束符'\0',由 C 编译器自动加上。

2.4.10 C51 的指针

指针是 C 语言中广泛使用的一种数据类型。运用指针编程是 C 语言最主要的风格之一。指针变量可以表示各种数据结构,能很方便地使用数组和字符串,并能像汇编语言一样处理内存地址,从而编出精练而高效的程序。指针极大地丰富了 C 语言的功能。

C51 中专门规定了一种指针类型的数据,变量的指针就是该变量的地址,还可以定义一个指向某个变量的指针变量。C51 提供了以下两个专门的运算符: * (取内容)、&(取地址)。

1. 定义一个指针变

其一般形式为

$$类型说明符 * 变量名;$$

其中, * 表示这是一个指针变量,变量名即为定义的指针变量名;类型说明符表示本指针变量所指向的变量的数据类型。

例如,int * p1;

注意:int * p1 应理解为 int * 在一起,而不是 * p1 在一起,表示定义一个指向整型变量的指针变量 p1,也就是指针变量 p1 存储整型变量的首地址。

2. 指针变量的引用

指针变量同普通变量一样,使用之前不仅要定义说明,而且必须赋予具体的值(地址)。未经赋值的指针变量不能使用,否则将造成系统混乱,甚至死机。两个有关的运算符:

(1)指针变量初始化的方法

$$int \ a;int \ * p=\&a;$$

(2)赋值语句的方法

$$int \ a; int \ * p;p=\&a;$$

3. 指针变量作为函数参数

函数的参数不仅可以是整型、实型、字符型等类型的数据,还可以是指针类型。它的作用是将一个变量的地址传送到另一个函数中。

4. 程序举例

将输入的两个整数按大小顺序输出。今用函数处理,而且用指针类型的数据作函数参数。

```
swap(int *p1,int *p2)
{
  int temp;
  temp = * p1;
  *p1 = * p2;
  *p2 =temp;
}
main()
{
  inta,b;
  int *pointer_1,*pointer_2;
  scanf("% d,% d",&a,&b);
```

```
pointer_1 = &a;pointer_2 = &b;
if(a<b) swap(pointer_1,pointer_2);
printf("\n%d,%d\n",a,b);
}
```

利用四种编程方法循环点亮 8 个流水灯。

方法一:利用位操作点亮 8 个流水灯。

```
#include <reg51.h>
#define uchar unsigned char
sbit led1 = P1^0;
sbit led2 = P1^1;
sbit led3 = P1^2;
sbit led4 = P1^3;
sbit led5 = P1^4;
sbit led6 = P1^5;
sbit led7 = P1^6;
sbit led8 = P1^7;
void delay( )
{
  uchar i,j;
  for(i = 0;i<255;i++)
    for(j = 0;j<255;j++);
}
void main( )
{
  while(1)
  {
    led1 = 0;                           //左移依次点亮
    delay( );
    led1 = 1;
    delay( );
      led2 = 0;
    delay( );
      led2 = 1;
    delay( );
        led3 = 0;
      delay( );
        led3 = 1;
      delay( );
          led4 = 0;
        delay( );
          led4 = 1;
        delay( );
```

```
    led5 = 0;
        delay( );
        led5 = 1;
        delay( );
      led6 = 0;
      delay( );
      led6 = 1;
      delay( );
    led7 = 0;
    delay( );
    led7 = 1;
    delay( );
  led8 = 0;
  delay( );
  led8 = 1;
  delay( );
  led8 = 0;                          // 右移依次点亮
  delay( );
  led8 = 1;
  delay( );
led7 = 0;
delay( );
led7 = 1;
  led6 = 0;
  delay( );
  led6 = 1;
  delay( );
    led5 = 0;
    delay( );
    led5 = 1;
    delay( );
      led4 = 0;
      delay( );
      led4 = 1;
      delay( );
    led3 = 0;
    delay( );
    led3 = 1;
    delay( );
  led2 = 0;
  delay( );
```

```
    led2 = 1;
        delay( );
      led1 = 0;
      delay( );
      led1 = 1;
      delay( );
    }
}
```

方法二:利用字节操作点亮 8 个流水灯。

```
#include <reg51.h>
#define uchar unsigned char
uchar tab[ ] = {0xfe,0xfd,0xfb,0xf7,0xef,0xdf,0xbf,0x7f,        //左移数据
          0xbf,0xdf,0xef,0xf7,0xfb,0xfd,0xfe,0xff};             //右移数据
uchar tab1[ ] = {0xfe,0xfc,0xf8,0xf0,0xe0,0xc0,0x80,0x00,       //左移点亮
          0x01,0x03,0x07,0x0f,0x1f,0x3f,0x7f,0xff};             //右移熄灭
void delay( )
{
  uchar i,j;
  for(i = 0;i<255;i++)
    for(j = 0;j<255;j++);
}
void main( )
{
  uchar i;
  while(1)
    {
    for(i = 0;i<16;i++)
      {
      P1 = tab1[i];
      delay( );
      delay( );
      }
    }
}
```

方法三:利用移位函数点亮 8 个流水灯。

```
#include <reg51.h>
#include <intrins.h>
#define uchar unsigned char
void delay( )
{
  uchar i,j;
```

```
    for(i=0;i<255;i++)
      for(j=0;j<255;j++);
}
    void main( )
{
  uchar i,temp;
  while(1)
  {
    temp=0xfe;                      //初值为11111110
    for(i=0;i<7;i++)
    {
      P1=temp;                      //temp 值送入 P1 口
      delay( );                     //延时
      temp=_crol_(temp,1);          //temp 值循环左移 1 位  11111101  11111011
                                    //   01111111
    }
    for(i=0;i<7;i++)
    {
      P1=temp;                      //temp 值送入 P1 口
      delay( );                     //延时
      temp=_cror_(temp,1);          //temp 值循环右移 1 位
    }
  }
}
```

方法四:利用移位运算符点亮 8 个流水灯。

```
#include <reg51.h>
#define uchar unsigned char
void delay( )
{
  uchar i,j;
  for(i=0;i<255;i++)
    for(j=0;j<255;j++);
}
void main( )
{
  uchar i,temp;
  while(1)
  {
```

```
    temp = 0x01;                    //赋左移初值给 temp 00000001   00000010
                                       00000100   10000000
                                    //temp = 0xfe;

    for(i = 0;i<8;i++)
    {
  P1 = ~temp;                       //将 temp 取反后送入 P1 口   11111110   11111101
                                       11111011   01111111
      delay( );
      temp = temp<<1;               //temp 中的数据左移 1 位 00000010   00000100
                                       10000000

    }
    temp = 0x80;                    //赋右移初值给 temp  10000000
    for(i = 0;i<8;i++)
    {
      P1 = ~temp;                   //将 temp 取反后送入 P1 口   01111111   10111111
      delay( );
      temp = temp>>1;               //temp 中的数据右移 1 位  01000000

    }
  }
```

利用四种编程方法循环点亮 **8** 个流水灯实验视频

习题与思考题

1. 用 if 语句实现汽车转向灯实验。
2. 用单片机 P1 口实现 8 个 LED 灯间隔点亮。

第3章 51单片机结构体系

学习意义

完成本章的学习后,你将能够对单片机硬件有一定的认识和了解,并在此基础上掌握单片机的工作原理、引脚功能、储存器配置和I/O端口。

学习目标

- 掌握微型计算机的工作原理;
- 掌握51单片机的引脚功能;
- 掌握单片机的储存器;
- 掌握单片机的I/O端口配置。

学习指导

仔细阅读所提供的知识内容,查阅相关资料,咨询指导教师,完成相应的学习目标。确保自己在完成本章学习后能够对单片机体系结构有一个较为清晰的认识。

学习准备

回忆你所学过和了解的有关微型计算机技术的基础知识,查阅相关资料,了解单片机在各领域的一般技术应用。

学习案例

通过本章的学习,我们将要完成以下案例目标:利用AT89C51系列单片机的基本硬件结构、引脚功能、存储器、特殊功能寄存器及外部的I/O端口的知识,设计出单片机最小系统原理图。最小系统板实物图与实验资料二维码如图3.0.1和图3.0.2所示。

图3.0.1 最小系统板实物图

图3.0.2 实验资料二维码

3.1 51 单片机的引脚功能

AT89 系列单片机是 Atmel 公司生产的与 MCS-51 系列单片机兼容的产品。这个系列产品的最大特点是在片内含有 Flash 存储器,有着十分广泛的应用前景。

3.1.1 格式说明

AT89 系列单片机在结构上基本相同,只是在个别模块和功能上有些区别。AT89 系列单片机型号说明:AT89 系列单片机型号由三部分组成,即前缀、型号、后缀,其格式如下:AT89C(LV、S)XXXX-XXXX。

1. 前缀

前缀由字母"AT"组成,表示该器件是 Atmel 公司的产品。

2. 型号

型号由"89CXXXX"或"89LVXXXX"或"89SXXXX"等表示。"8"表示 8 位单片机;"9"表示芯片内部含 Flash 存储器;"C"表示是 CMOS 产品;"LV"表示低电压产品;"S"表示含可串行下载的 Flash 存储器。"XXXX"为表示型号的数字,如 51、52、2051 等。

3. 后缀

后缀由"XXXX"四个参数组成,与产品型号间用"-"号隔开。

(1)后缀中的第一个参数"X"表示速度,其意义如下:

X=12,表示速度为 12 MHz;

X=16,表示速度为 16 MHz;

X=20,表示速度为 20 MHz;

X=24,表示速度为 24 MHz。

(2)后缀中的第二个参数"X"表示封装,其意义如下:

X=J,表示 PLV 封装;

X=P,表示塑料双列直插 DIP 封装;

X=S,表示 SOIC 封装;

X=Q,表示 PQFP 封装;

X=A,表示 TQFP 封装;

X=W,表示裸芯片。

(3)后缀中的第三个参数"X"表示温度范围,其意义如下:

X=C,表示商业用产品,使用温度为 0~70 ℃;X=I,表示工业用产品,使用温度为-40~85 ℃;X=A,表示汽车用产品,使用温度为-40~125 ℃;X=M,表示军用产品,使用温度为-55~150 ℃。

(4)后缀中的第四个参数"X"用于说明产品的处理情况,其意义如下:

X 为空,表示为标准处理工艺;

X=/883,表示按《微电子器件试验方法标准》(MIL-STD-883 标准)进行工业生产。

例如,单片机型号为"AT89C51-12PI",其表示意义为该单片机是 Atmel 公司的 Flash 单片机,采用 CMOS 结构,速度为 12 MHz,封装为塑料双列直插 DIP,是工业用产品,使用温度为-40~85 ℃,按 MIL-STD-883 标准进行工业生产。

3.1.2　引脚功能说明

图 3.1.1 所示为 AT89C51 单片机的功能引脚图。51 系列单片机中的 AT89C51 单片机通常为 40 引脚的双列直插式封装。在这 40 个引脚中,电源和接地线 2 根,外置石英振荡器的时钟线 2 根,4 组 8 位 I/O 端口共 32 个,中断接口线与并行接口中的 P3 接口线复用。因为受到引脚数目的限制,51 单片机的引脚具有第二功能。单片机引脚可分为 4 类:电源引脚、时钟引脚、控制引脚和 I/O 端口引脚。牢记引脚的位置对熟练地调试单片机非常有帮助。

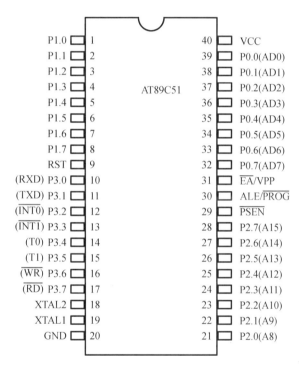

图 3.1.1　AT89C51 单片机功能引脚图

区分芯片引脚序号,观察其表面,大都会找到一个凹进去的小圆坑,或是用颜色标识的小标记(圆点或三角或其他小图形),这个小圆坑或小标识左边所对应的引脚就是此芯片的第 1 引脚。

1. 主电源引脚 VCC 和 GND

电源引脚提供芯片的工作电源,51 系列单片机采用+5 V 供电。

(1)VCC(40 号引脚):VCC 接+5 V 电压。

(2)GND(20 号引脚):GND 接地。

2. 时钟电路引脚 XTAL1 和 XTAL2

XTAL1(19 号引脚)接外部晶振和微调电容的一端。XTAL2(18 号引脚)接外部晶振和微调电容的另一端。振荡电路就好比人的心脏一样,只有按照一定的规律不停地跳动,单片机才会正常运行,常用到的晶振频率为 11.059 2 MHz、12 MHz 以及 22.118 4 MHz。要检查 51 单片机的振荡电路是否正常工作,可用示波器查看 XTAL2 端口是否有正弦波信号输出,若有信号输出,则为正常工作。

3. 控制信号引脚

(1)RST(9 号引脚):复位信号引脚

复位的目的是使单片机和系统中的其他部件处于某种确定的初始状态。时钟电路工作后,在 RST 引脚上出现高电平,单片机内部进行初始复位,复位后片内寄存器状态如表 3.1.1 所示。复位信号输入后,在引脚加上持续时间大于两个机器周期的高电平,可使单片机复位。单片机将从 0000H 单元开始执行程序。

表 3.1.1　复位后片内寄存器状态

寄存器	内容	寄存器	内容
PC	0000H	TMOD	00H
ACC	00H	TCON	00H
B	00H	TH0	00H
PSW	00H	TL0	00H
SP	07H	TH1	00H
DPTR	0000H	TL1	00H
P0~P3	FFH	SCON	00H
IP	＊＊＊00000	SBUF	不定
IE	0＊＊00000	PCON	0＊＊＊0000

复位不影响片内 RAM 状态,只要该引脚保持高电平,单片机将循环复位。当该引脚从高电平变成低电平时,单片机将从 0000H 单元开始执行程序。复位有两种方式:上电复位和开关复位。

①上电复位:在通电瞬间,由于电容两端电压不能突变,电容通过电阻充电,在 RST 端出现高电平,随着时间推移,RST 端逐渐变成低电平。

②开关复位:在程序运行期间,如果有必要也可通过开关手动使系统复位。

(2)ALE (30 号引脚):地址锁存信号/编程脉冲输入端

当访问外部存储器时,ALE 信号负跳变来触发外部的 8 位锁存器(如 74LS373),将端口 P0 的地址总线(A0~A7)锁存进入锁存器中。在非访问外部存储器期间,ALE 引脚的输出频率是系统工作频率的 1/16,因此可以用来驱动其他外围芯片的时钟输入。当访问外部存储器期间,ALE 将以 1/12 振荡频率输出。

(3)PSEN(29 号引脚):访问外部程序存储器选通信号

该引脚低电平有效。其在访问片外程序存储器读取指令码时,每个机器周期产生二次 PSEN 信号;在执行片内程序存储器指令时,不产生 PSEN 信号;在访问外部数据时,亦不产生 PSEN 信号。

（4）EA/VPP（31 号引脚）：内部和外部程序存储器选择信号

该引脚为低电平时，则读取外部的程序代码（存于外部 EPROM 中）来执行程序。使用 AT89C51 或其他内部有程序空间的单片机时，此引脚接成高电平使程序运行时访问内部程序存储器，当程序指针 PC 值超过片内程序存储器地址（如 8051/8751/89C51 的 PC 超过 0FFFH）时，将自动转向外部程序存储器继续运行。

4. 并行 I/O 端口 P0~P3 端口引脚

51 系列单片机有 4 个双向的 8 位并行 I/O 端口：P0、P1、P2 和 P3，它们的输出锁存器属于特殊功能寄存器。4 个端口除了按字节输入/输出外，还可位寻址，便于实现位控功能。

3.2 51 单片机的硬件结构

AT89C51 单片机内部由一个 8 位 CPU、4 KB 的 Flash ROM、128 B 的 RAM、4 个 8 位的并行 I/O 端口（P0~P3）、一个串行口、两个 16 位定时器/计数器、中断系统以及特殊功能寄存器等组成。AT89C51 单片机片内结构图如图 3.2.1 所示。

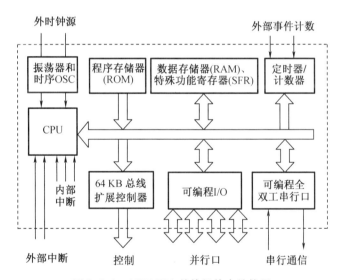

图 3.2.1 AT89C51 单片机片内结构图

1. CPU

CPU 也叫作中央处理器，是单片机的核心部件，包括运算器、控制器。

（1）运算器：对操作数进行算术、逻辑和位操作运算。运算器主要包括算术逻辑单元（ALU）、累加器、位处理器、程序状态寄存器（PSW）及暂存器等。计算机对任何数据的加工、处理必须由运算器完成。

（2）控制器：功能是控制指令的读入、译码和执行，从而对各功能部件进行定时和逻辑控制。控制器主要包括程序计数器、指令寄存器、指令译码器等。

2. 程序存储器（ROM）

程序存储器片内集成有 4 KB 的 Flash 存储器（52 位 8 KB），片外可扩展到 64 KB。

3.数据存储器(RAM)

数据存储器片内为 128 B(52 子系列为 256 B),片外最多可扩展到 64 KB。

4.并行 I/O 端口

P0~P3 是四个 8 位并行 I/O 端口,每个端口既可输入信息,也可输出信息。每次可以并行输入或输出 8 位二进制信息。单片机可通过 P0~P3 端口与外部存储器及 I/O 端口设备进行数据交换。

5.定时器/计数器

51 子系列单片机共有 2 个 16 位的定时器/计数器(52 子系列有 3 个),每个定时器/计数器既可以设置成计数方式,也可以设置成定时方式。

6.中断系统

51 系列单片机共有 5 个中断源(52 系列有 6 个),分为 2 个优先级,每个中断源的优先级都可以利用编程进行控制。

7.串行口

一个全双工的异步串行口实现对数据的各位按时序一位一位地传送。

8.特殊功能寄存器(SFR)

51 系列单片机共有 26 个特殊功能寄存器,负责对片内各功能部件进行管理、控制和监视。

3.3 51 单片机的存储器

3.3.1 AT89C51 单片机存储配置

单片机的存储结构有两种:一种结构称为哈佛结构,即程序存储器和数据存储器分开,二者相互独立;另一种结构称为普林斯顿结构,即程序存储器和数据存储器是统一的,地址空间统一编址。AT89C51 单片机的存储器结构属于哈佛结构,主要特点是程序存储器和数据存储器的寻址空间是相互独立的,各有各的寻址机构和寻址方式。

51 系列(8031 除外)单片机有 4 个物理上相互独立的存储空间:片内程序存储器、片外程序存储器、片内数据存储器、片外数据存储器。图 3.3.1 所示为 AT89C51 单片机存储器配置图。

存储器空间可划分为 4 类:程序存储器空间、数据存储器空间、特殊功能寄存器空间、位地址空间。下文简要介绍前面两种。

3.3.2 程序存储器

对于 AT89C51 来说,程序存储器的内部地址为 0000H~0FFFH, 共 4 KB;最多可外扩 64 KB 程序存储器,使用片内还是片外程序存储器,由 EA 引脚上所接的电平决定。64 KB 的 ROM 中,6 个单元地址具有特殊用途,是保留给系统使用的。0000H 是系统的启动地址,一般在该单元中存放一条绝对跳转指令。0003H、000BH、0013H、001BH 和 0023H 对应 5 种中断源的中断服务入口地址。

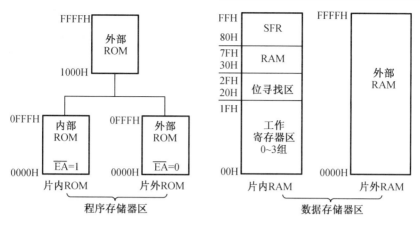

图 3.3.1   AT89C51 单片机存储器配置图

3.3.3　数据存储器

数据存储器用于存放程序运算的中间结果、状态标志位等。数据存储器一旦掉电,其数据将丢失。

1. 片内数据存储器的配置

数据存储器分为片内数据存储器和片外数据存储器,它们是两个独立的地址空间。片内数据存储器结构如图 3.3.2 所示。由图 3.3.2 可知,片内 RAM 为 256 字节,地址范围为 00H~FFH,低 128 字节(00H~7FH)为真正的 RAM 区。其中 00H~1FH(32 个单元),是 4 组通用工作寄存器区,每组由 8 个单元按序组成通用寄存器 R0~R7。通用寄存器 R0~R7 不仅用于暂存中间结果,而且是 CPU 指令中寻址方式不可缺少的工作单元。30H~7FH:80 个用户 RAM 区,只能字节寻址,用作数据缓冲区以及堆栈区。

图 3.3.2   片内数据存储器结构

（1）RAM 中的位寻址区地址表（表 3.3.1）

20H～2FH:16 个单元,可进行 128 位的位寻址。其可以按字节编址,也可以按位编址,这 16 个字节共有 128(16×8)个二进制位,每一位都分配一个位地址,编址为 00H～7FH。

表 3.3.1　RAM 中的位寻址区地址表

RAM 地址	位地址							
	D7	D6	D5	D4	D3	D2	D1	D0
20H	07	06	05	04	03	02	01	00
21H	0F	0E	0D	0C	0B	0A	09	08
22H	17	16	15	14	13	12	11	10
23H	1F	1E	1D	1C	1B	1A	19	18
24H	27	26	25	24	23	22	21	20
25H	2F	2E	2D	2C	2B	2A	29	28
26H	37	36	35	34	33	32	31	30
27H	3F	3E	3D	3C	3B	3A	39	38
28H	47	46	45	44	43	42	41	40
29H	4F	4E	4D	4C	4B	4A	49	48
2AH	57	56	55	54	53	52	51	50
2BH	5F	5E	5D	5C	5B	5A	59	58
2CH	67	66	65	64	63	62	61	60
2DH	6F	6E	6D	6C	6B	6A	69	68
2EH	77	76	75	74	73	72	71	70
2FH	7F	7E	7D	7C	7B	7A	79	78

（2）SFR 的名称及其分布（表 3.3.2）

高 128 字节(80H～FFH)为特殊功能寄存器(SFR)区。

表 3.3.2　SFR 的名称及其分布

特殊功能寄存器符号	名称	字节地址	位地址
B	寄存器 B	F0H	F0H～F7H
A(或 ACC)	累加器	E0H	E0H～E7H
PSW	程序状态字	D0H	D0H～D7H
IP	中断优先级控制	B8H	B8H～BFH
P3	P3 口	B0H	B0H～B7H
IE	中断允许控制	A8H	A8H～AFH
P2	P2 口	A0H	A0H～A7H

表 3.3.2(续)

特殊功能寄存器符号	名称	字节地址	位地址
SBUF	串行数据缓冲器	99H	—
SCON	串行控制	98H	98H~9FH
P1	P1 口	90H	90H~97H
TH1	定时器/计数器 1(高字节)	8DH	—
TH0	定时器/计数器 0(高字节)	8CH	—
TL1	定时器/计数器 1(低字节)	8BH	—
TL0	定时器/计数器 0(低字节)	8AH	—
TMOD	定时器/计数器方式控制	89H	—
TCON	定时器/计数器控制	88H	88H~8FH
PCON	电源控制	87H	—
DPH	数据指针高字节	83H	—
DPL	数据指针低字节	82H	—
SP	堆栈指针	81H	—
P0	P0 口	80H	80H~87H

①累加器 ACC:字节地址为 E0H,可对其 D0~D7 各位进行位寻址。D0~D7 位地址相应为 E0H~E7H。

②程序状态字 PSW:字节地址为 D0H,可对其 D0~D7 各位进行位寻址。D0~D7 位地址相应为 D0H~D7H。PSW 主要用于寄存当前指令执行后的某些状态信息。例如:Cy 表示进位/借位标志,指令助记符为 C,位地址为 D7H(也可表示为 PSW.7)。

③堆栈指针 SP:字节地址为 81H,不能进行位寻址。堆栈向上生长。单片机复位后,SP 为 07H,堆栈从 08H 单元开始,由于 08H~1FH 单元分别是属于 1~3 组的工作寄存器区,最好在复位后把 SP 值改置为 60H 或更大的值,避免堆栈与工作寄存器冲突。

堆栈主要为子程序调用和中断操作而设,作用如下。

a. 保护断点。无论子程序调用还是中断服务子程序调用,最终都要返回主程序,应预先把主程序断点在堆栈中保护起来,为程序正确返回做准备。

b. 现场保护。执行子程序或中断服务子程序时,要用到一些寄存器单元,这会破坏原有内容,要把有关寄存器单元的内容保存起来,送入堆栈,这就是所谓的"现场保护"。

④P1 口:字节地址为 90H,可对其 D0~D7 各位进行位寻址。D0~D7 位地址相应为 90H~97H(也可表示为 P1.0~P1.7)。

(3)SFR 中的位地址分布(表 3.3.3)。

表 3.3.3 SFR 中的位地址分布

特殊功能 寄存器符号	位地址								字节 地址
	D7	D6	D5	D4	D3	D2	D1	D0	
B	F7H	F6H	F5H	F4H	F3H	F2H	F1H	F0H	F0H
ACC	E7H	E6H	E5H	E4H	E3H	E2H	E1H	E0H	E0H
PSW	D7H	D6H	D5H	D4H	D3H	D2H	D1H	D0H	D0H
IP	—	—	—	BCH	BBH	BAH	B9H	B8H	B8H
P3	B7H	B6H	B5H	B4H	B3H	B2H	B1H	B0H	B0H
IE	AFH	—	—	ACH	ABH	AAH	A9H	A8H	A8H
P2	A7H	A6H	A5H	A4H	A3H	A2H	A1H	A0H	A0H
SCON	9FH	9EH	9DH	9CH	9BH	9AH	99H	98H	98H
P1	97H	96H	95H	94H	93H	92H	91H	90H	90H
TCON	8FH	8EH	8DH	8CH	8BH	8AH	89H	88H	88H
P0	87H	86H	85H	84H	83H	82H	81H	80H	80H

寄存器 B 为执行乘法和除法而设;不执行乘法、除法的情况下,可把它当作一个普通寄存器来使用。

乘法,两乘数分别在累加器 A、寄存器 B 中,执行乘法指令后,乘积在寄存器 B、累加器 A 中(高 8 位存到寄存器 B 中,低 8 位存到累加器 A 中);除法,被除数取自寄存器 A,除数取自累加器 B,商存放在累加器 A 中,余数存放在寄存器 B 中。

AUXR 是辅助寄存器(也是一种特殊功能的寄存器),如图 3.3.3 所示。

图 3.3.3 AUXR 寄存器

DISALE:ALE 的禁止/允许位。

0:ALE 有效,发出脉冲;

1:ALE 仅在执行 MOVC 和 MOVX 类指令时有效,不访问外部存储器时,ALE 不输出脉冲信号;

DISRTO:禁止/允许 WDT 溢出时的复位输出。

0:WDT 溢出时,在 RST 引脚输出一个高电平脉冲;

1:RST 引脚仅为输入脚;

WDIDLE:WDT 在空闲模式下的禁止/允许位。

0:WDT 在空闲模式继续计数;

1:WDT 在空闲模式暂停计数。

2. 片外 RAM

片外数据存储器一般由静态 RAM 构成,其容量大小由用户根据需要而定,最大可扩展到 64 KB,地址是 0000H~0FFFFH。CPU 通过 MOVX 指令访问片外数据存储器,用间接寻址方式,R0、R1 和 DPTR 都可作间接寄存器。注意,片外 RAM 和扩展的 I/O 端口是统一编址的,所有的外扩 I/O 端口都要占用 64 KB 中的地址单元。

3.4　51 单片机的时钟与复位

3.4.1　CPU 时序

时序就是计算机指令执行时各种微操作在时间上的顺序关系。计算机所执行的每一种操作都是在时钟信号的控制下进行的。每执行一条指令,CPU 都要发出一系列特定的控制信号,以实现指令的正确执行。

1. 时钟周期

时钟周期也称振荡周期,即振荡器的振荡频率的倒数,是时序中最小的时间单位。通常 51 单片机使用 12 MHz 的石英晶体振荡器,则其时钟周期为 1/12 μs。

2. 机器周期

执行一条指令的过程可分为若干个阶段,每一阶段完成一个规定的操作,完成一个规定操作所需要的时间称为一个机器周期。通常机器周期为时钟周期的 12 倍,使用 12 MHz 的石英晶体振荡器时,51 单片机的机器周期为 1 μs。

1 个机器周期包括 12 个时钟周期,分 6 个状态:S1,S2,…,S6。每个状态又分两拍:P1 和 P2。因此,一个机器周期中的 12 个时钟周期表示为 S1P1,S1P2,S2P1,S2P2,…,S6P2,如图 3.4.1 所示。

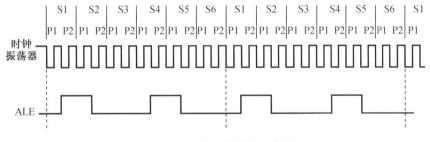

图 3.4.1　1 个机器周期示意图

3. 指令周期

指令周期定义为执行一条指令所用的时间。指令周期通常为 1~4 个机器周期,乘除指令耗时较多,为 4 个机器周期,使用 12 MHz 晶振时,51 单片机完成一次乘除指令需要消耗大约 4 μs 的时间。

3.4.2　时钟电路

51 单片机的时钟电路(图 3.4.2)有三种接法,实际使用时一般采用图 3.4.2(a)所示的接法,即只需一个晶振(频率根据需要选择)、两个 30 pF 的微调电容(起稳定振荡频率的作用,电容一般为 10~30 pF)。

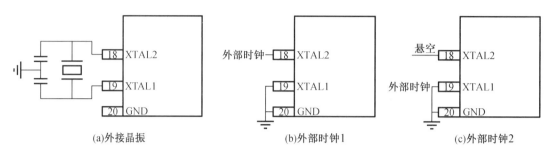

图 3.4.2　51 单片机时钟电路

3.4.3　复位电路

单片机在启动运行时需要复位,使 CPU 及其他功能部件处于一个确定的初始状态(如 PC 的值为 0000H),并从这个状态开始工作。另外,在单片机工作过程中,如果出现死机时,也必须对单片机进行复位,使其重新开始工作。当外界给单片机的 9 号引脚(RST)一小段高电平时,单片机就会复位,但是 9 号引脚不能一直是高电平,否则会一直复位,实际是给 9 号引脚一个下降沿脉冲,完成一次复位。单片机的复位结构图如图 3.4.3 所示。

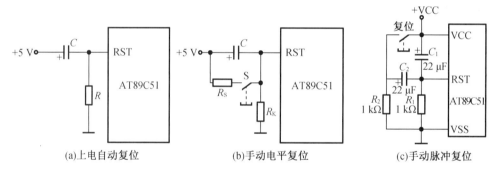

图 3.4.3　单片机的复位结构图

3.5　单片机最小系统的硬件设计

单片机的最小系统是非常好的实践案例,涉及非常多的电子知识,如常用电子元器件的识别、测量和焊接等。对这些知识的熟练掌握可以为后续的学习打下良好的基础。本案例要求学生先熟悉常用元器件,并用万用表进行测量,确保元器件都是良好的,然后进行焊接练习,要求学生熟练掌握焊接技术。最小系统建立后,要求学生使用示波器,测量时钟电路部分,找到单片机的时钟信号和 ALE 引脚上的信号。最后,学生应牢记单片机的引脚分布和掌握复位电路与时钟电路的原理。

3.5.1　单片机最小系统板

单片机最小系统原理图如图 3.5.1 所示,实物图如图 3.5.2 所示。

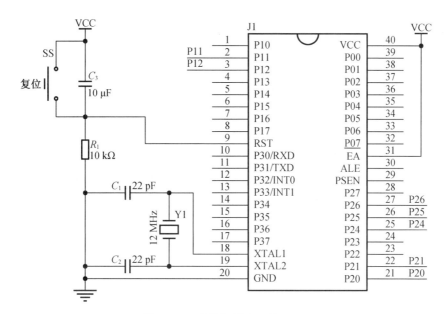

图 3.5.1 单片机最小系统原理图

图 3.5.2 单片机最小系统实物图

3.5.2 单片机最小系统原理图讲解

学习单片机最重要的是实践,掌握单片机最小系统的设计是学习单片机技术的"大门",因为只有打好这个基础,我们才能够控制形形色色的外部器件。希望大家对单片机最小系统的知识给予足够的重视。单片机的最小系统是由组成单片机系统必需的一些元件构成的。在单片机系统中,上电启动时系统复位一次按下按键时系统再次复位。如果松开按键并再次按下,系统将被重置。因此,可以在运行系统中通过打开和关闭按键来控制复位。

问题 1:为什么开机时单片机系统会自动复位?

图 3.5.1 所示的电路图中,电容大小为 10 μF,电阻大小为 10 kΩ。由此可知,电容充电到 0.7 倍电源电压需要时间为 10 kΩ×10 μF=0.1 s(单片机电源电压为 5 V,所以电容充电到 0.7 倍电源电压是 3.5 V)。

也就是说,在计算机启动的 0.1 s 内,电容器两端的电压从 0 V 增加到 3.5 V。此时,

10 kΩ 电阻两端的电压从 5 V 下降到 1.5 V(串联电路中的电压之和为总电压)。因此,在 0.1 s 内,RST 引脚接收到的电压在 5 V 正常工作的 51 单片机中为 5~1.5 V,小于 1.5 V 的电压信号为低电平信号,大于 1.5 V 的电压信号为高电平信号。因此,在计算机启动的 0.1 s 内,单片机系统自动复位(RST 引脚接收到高电平信号的时间约为 0.1 s)。

问题 2:为什么按下按键后单片机系统会自动复位?

微控制器启动 0.1 s 后,电容上的电压继续充电至 5 V。此时 10 kΩ 电阻两端的电压接近 0 V,RST 引脚接收到低电平信号,系统工作正常。按下按键时,开关打开,此时电容器两端形成回路,电容器短路。所以在按下按键的过程中,电容开始释放之前充好的电,随着时间的推移,电容的电压在 0.1 s 内从 5 V 释放到 1.5 V,甚至更少。根据串联电路电压为所有地方的电压总和,此时 10 kΩ 电阻两端的电压为 3.5 V,甚至更大,因此 RST 引脚再次接收到高电平信号,单片机系统自动复位。

习题与思考题

1. 画出 AT89C51 单片机引脚图。

2. 51 单片机内部结构特点是什么?

3. 画图说明 51 单片机存储器结构。

4. 简述 51 单片机时钟周期、振荡周期、机器周期、指令周期。

5. 默画单片机最小系统原理图。

6. AT89C51 单片机系统复位是高电平复位还是低电平复位。

7. 写出 AT89C51 单片机系统复位后内部寄存器状态。

第4章 51单片机并行 I/O 端口

学习意义

完成本章的学习后,你将能够对单片机内部结构与引脚功能有一个基本的认识和了解,并在此基础上掌握 MCS-51 系列单片机内部各组成部分的基本工作原理。

学习目标

- 掌握 MCS-51 系列单片机的内部结构;
- 掌握 MCS-51 系列单片机的引脚功能;
- 掌握 MCS-51 系列单片机存储器分配形式 。

学习指导

仔细阅读所提供的知识内容,查阅相关资料,咨询指导教师,完成相应的学习目标。确保在完成本章学习后你想到的问题都能够得到解答。

学习准备

复习、回忆你所学过的单片机基础知识,查阅相关资料,了解单片机的基本组成。

学习案例

单片机是通过 I/O 端口实现对外部控制和信息交换的,单片机 I/O 端口分为串行口和并行口,串行 I/O 端口一次只能传送一位二进制信息;并行 I/O 端口一次可传送一个字节的数据。访问并行 I/O 端口除了可以用字节地址访问外,还可以进行按位寻址。I/O 端口可以实现和不同外设的速度匹配,以提高 CPU 的工作效率,可以改变数据的传送方式,实现内部并行总线与外部设备串行数据传送的转换。本章首先用两个案例来解释说明单片机的并行 I/O 端口的使用,最后给出了单片机控制蜂鸣器和红外报警的实例。

案例 1 目标:利用三进阶方式(初级、中级和高级)实现对蜂鸣器的控制和深度的了解。首先通过高低电平来实现蜂鸣器的"滴滴"声,其次通过 for 循环语句实现对蜂鸣器的频率改变。最后可以使用曲谱软件辅助编写音乐曲谱,利用蜂鸣器播放优美的音乐。

案例 2 目标:使用红外对管模块作为检测遮挡物的传感器,如果有物品遮挡红外对管模块,蜂鸣器响作为报警提示。蜂鸣器实物图以及本章涉及的实验资料二维码如图 4.0.1 和图 4.0.2 所示。

图 4.0.1　蜂鸣器实物图

图 4.0.2　实验资料二维码

4.1　并行 I/O 端口的结构及工作原理

AT89C51 型单片机有 4 个 8 位并行端口,分别命名为 P0、P1、P2、P3,共 32 根 I/O 线。每个 I/O 端口都由一个 8 位数据锁存器和一个 8 位数据缓冲器组成,属于 21 个特殊功能寄存器中的 4 个,对应内部 RAM 地址分别为 80H、90H、A0H、B0H。需要输出数据时,8 位数据锁存器用于对端口引脚上输入数据进行锁存。需要输入数据时,8 位数据缓冲器用于对端口引脚上输入数据进行缓冲。它们每条 I/O 线均能独立地输入或输出数据,具有位寻址能力。

4.1.1　P0 口(32 号引脚~39 号引脚)结构及工作原理

1.结构

P0 口是双向 8 位三态 I/O 端口,访问地址是 80H,位地址范围是 80H~87H。P0 口是真正的双向 I/O 端口,具有较大的负载能力。51 单片机 P0 口内部没有上拉电阻,为高阻状态,因此该组 I/O 端口在使用时必须外接上拉电阻。P0 口某一位的位电路结构如图 4.1.1 所示。

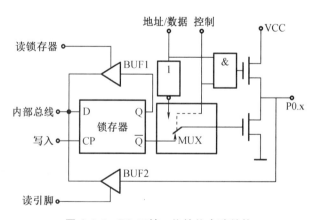

图 4.1.1　P0 口某一位的位电路结构

图 4.1.1 是 P0 口某一位的位电路结构,它包含 1 个数据输出锁存器、2 个三态数据输入缓冲器、1 个多路转接开关 MUX,以及数据输出驱动和控制电路。

(1)数据输出锁存器,用于数据位锁存。

（2）2个三态数据输入缓冲器分别是读锁存器的输入缓冲器 BUF1 和读引脚的输入缓冲器 BUF2。

（3）多路转接开关 MUX，一个输入来自锁存器的一端，另一个输入为地址/数据信号的反相输出，能够使 P0 口作通用 I/O 端口，或地址/数据线口。MUX 由"控制"信号控制，实现锁存器的输出和地址/数据信号之间的转接。

（4）数据输出驱动和控制电路，由一对场效应管（FET）组成。模拟开关的位置由来自 CPU 的控制信号决定。标号为 P0.n 引脚的图标，也就是说 P0.x 引脚可以是 P0.0～P0.7 的任何一位。

P0 口可以作为通用 I/O 端口使用，P0.0～P0.7 用于传送输入/输出数据，输出数据时可以得到锁存，不需外接专用锁存器，输入数据时可以得到缓冲。

P0.0～P0.7 在 CPU 访问片外存储器时用于传送片外存储器的低 8 位地址，然后传送 CPU 对片外存储器的读写数据。

2. 工作原理

P0 口作为单片机系统复用的地址/数据总线使用时，单片机需外扩存储器或 I/O 设备。当 P0 口输出地址或数据时，"控制"信号为 1，硬件自动使多路转接开关 MUX 打向上面，接通反相器的输出，同时使"与门"处于开启状态。P0.n 引脚的输出状态随地址/数据状态的变化而变化。上方的场效应管这时起到内部上拉电阻的作用。此时由于上下两个 FET 反相，形成推拉式电路结构，负载能力大大提高。当 P0 口输入数据时，仅从外部存储器（或外部 I/O 端口）读入信息，对应的"控制"信号为 0，MUX 接通锁存器的 Q 端。

P0 口当用作通用 I/O 端口时，对应的"控制"信号为 0，MUX 打向下面，接通锁存器的 Q 端，"与门"输出为 0，上方的场效应管截止，形成的 P0 口输出电路为漏极开路输出。P0 口作为输出口使用时，来自 CPU 的"写入"脉冲加在 D 锁存器的 CP 端，内部总线上的数据写入 D 锁存器，并向端口引脚 P0.x 输出。片外必须接上拉电阻 P0 口才能有高电平输出（这时就不为双向口）。P0 口作为输入口使用时，有两种读入方式："读引脚"和"读锁存器"。"读引脚"信号把下方缓冲器打开，引脚上的状态经缓冲器读入内部总线；"读锁存器"信号打开上面的缓冲器把锁存器 Q 端的状态读入内部总线。

P0 口具有如下特点：P0 口为双功能口，即地址/数据复用口和通用 I/O 端口。当 P0 口用作地址/数据复用口时，为一个真正的双向口，用作外扩存储器，输出低 8 位地址和输出/输入 8 位数据；当 P0 口用作通用 I/O 端口时，由于需要在片外接上拉电阻，端口不存在高阻抗（悬浮）状态，因此为一个准双向口。为保证引脚信号的正确读入，应首先向锁存器写 1；当 P0 口由原来的输出状态转变为输入状态时，应首先置锁存器为 1，方可执行输入操作。一般情况下，如果 P0 口已作地址/数据复用口使用，就不能再作通用 I/O 端口使用。

4.1.2　P1 口（1 号引脚~8 号引脚）结构及工作原理

1. 结构

P1 口是一个准双向口，字节地址为 90H，位地址为 90H～97H。P1 口作通用 I/O 端口使用，也能读引脚和读锁存器，也可用于"读-修改-写"，输入时，先写入"FF"。对于通常的 51 内核单片机而言，P1 口是单功能端口，只能作通用 I/O 端口使用。P1 口某一位的位电路结构如图 4.1.2 所示。

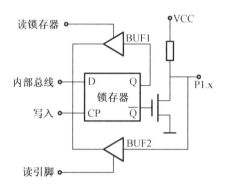

图 4.1.2　P1 口某一位的位电路结构

P1 口位电路由 1 个数据输出锁存器、2 个三态数据输入缓冲器和数据输出驱动电路三部分组成:1 个数据输出锁存器,用于输出数据位的锁存;2 个三态数据输入缓冲器 BUF1 和 BUF2,分别用于读锁存器数据和读引脚数据的输入缓冲;数据输出驱动电路,由一个场效应管和一个片内上拉电阻组成。P1 口每个引脚可独立控制,内带上拉电阻,没有高阻状态。

2. 工作原理

P1 口作为输出口使用时,若 CPU 输出 1,$\overline{Q}=1$,$Q=1$,则场效应管截止,P1 口引脚的输出为高电平;若 CPU 输出 0,$\overline{Q}=0$,$Q=1$,则场效应管导通,P1 口引脚的输出为低电平。P1 口作为输入口使用时,分为“读锁存器”和“读引脚”两种方式。“读锁存器”时,锁存器的输出端 Q 的状态经输入缓冲器 BUF1 进入内部总线;“读引脚”时,先向锁存器写 1,使场效应管截止,P1.n 引脚上的电平经输入缓冲器 BUF2 进入内部总线。P1 口是准双向口,有内部上拉电阻,没有高阻抗输入状态,只能作为通用 I/O 端口使用。P1 口作为输出口使用时,无须再外接上拉电阻。“读引脚”时,必须先向电路中锁存器写“1”,使输出级的场效应管截止。

4.1.3　P2 口(21 号引脚~28 号引脚)结构及工作原理

1. 结构

P2 口是双功能口,字节地址为 A0H,位地址为 A0H~A7H。位电路结构包括 1 个数据输出锁存器、2 个三态数据输入缓冲器、一个多种转接开关和数据输出驱动电路三部分:1 个数据输出锁存器,用于输出数据位的锁存;2 个三态数据输入缓冲器 BUF1 和 BUF2,分别用于读锁存器数据和读引脚数据的输入缓冲;一个多路转接开关 MUX,它的一个输入是锁存器的 Q 端,另一个输入是地址的高 8 位;数据输出驱动电路,由场效应管和内部上拉电阻组成。P2 口某一位的位电路结构如图 4.1.3 所示。

2. 工作原理

P2 口第一功能可以作为通用 I/O 端口使用。当内部控制信号作用时,MUX 与锁存器的 Q 端相连通。这时若 CPU 输出 1,Q=1,则场效应管截止,P2.x 引脚输出 1;如果 CPU 输出 0,Q=0,则场效应管导通,P2.x 引脚输出 0。CPU 的命令信号与 P2.x 引脚的输出信号保持一致。P2口作为输入口使用时,也是分为"读锁存器"和"读引脚"两种方式。工作原理和P1口类似,不再赘述。P2口第二功能是作为地址总线使用。当内部控制信号作用时,MUX与"地址"线连通。当"地址"线为0时,场效应管导通,P2口引脚输出0;当"地址"线为1时,场效应管截止,P2口引脚输出1。作为通用I/O端口使用时,P2口为一个准双向口,功能与P1口一样。作为地址输出线使用时,P2口可以输出外存储器的高8位地址,与P0口输出的低8位地址一起构成16位地址线。

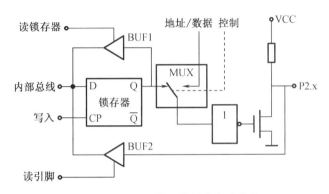

图4.1.3　P2口某一位的位电路结构

4.1.4　P3口(10号引脚~17号引脚)结构及工作原理

1. 结构

由于AT89C51的引脚有限,因此在P3口电路中增加了引脚的第二功能。P3口的字节地址为B0H,位地址为B0H~B7H。P3口位电路主要由三部分组成:1个数据输出锁存器,用于输出数据位的锁存;3个三态数据输入缓冲器BUF1、BUF2和BUF3,分别用于读锁存器、读引脚数据和第二功能数据的输入缓冲;数据输出驱动电路,由"与非门"、场效应管和内部上拉电阻组成。P3口某一位的位电路结构如图4.1.4所示。

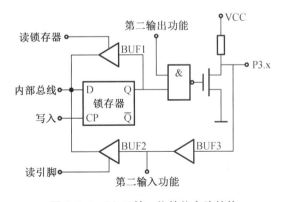

图4.1.4　P3口某一位的位电路结构

2. 工作原理

当P3口用作第一功能通用输出时,"与非门"应为开启状态,也就是第二输出功能端应保持高电平。当CPU输出1时,Q=1,场效应管截止,P3.x引脚输出为1;CPU输出0时,

Q=0,场效应管导通,P3.x 引脚输出为 0,此时 P3.x 的状态会跟随 CPU 输出状态改变。当 P3 口用作第一功能通用输入时,P3.x 位的输出锁存器和第二输出功能均应置 1,场效应管截止,P3.x 引脚信息绕过场效应管通过 BUF3 和 BUF2 进入内部总线,完成"读引脚"操作。当 P3 口实现第一功能通用输入时,也可以执行"读锁存器"操作,此时 Q 端信息经过 BUF1 进入内部总线。

当 P3 口选择第二输出功能时,"与非门"开启,所以该位的锁存器需要置"1"。当第二功能输出为 1 时,场效应管截止,P3.x 引脚输出为 1;当第二功能输出为 0 时,场效应管导通,P3.x 引脚输出为 0。当 P3 口选择第二输入功能时,该位的锁存器和第二输出功能端均应置"1",保证场效应管截止,P3.x 引脚的信息绕过场效应管由输入缓冲器 BUF3 的输出获得。

P3 口是一个多用途的准双向口:第一功能是作普通 I/O 端口使用,其功能和原理与 P1 口相同,同样作输出口时不需要上拉电阻;第二功能是作控制和特殊功能口使用。使用 P3 口时多数是将 8 根 I/O 线单独使用,既可将其设置为第二功能,也可将其设置为第一功能。当工作于通用的 I/O 功能时,单片机会自动将第二功能输出线置"1"。P3 口的每一个引脚第二功能如下:

- P3.0——RXD 串行数据接收口;
- P3.1——TXD 串行数据发送口;
- P3.2——INT0 外部中断 0 输入;
- P3.3——INT1 外部中断 1 输入;
- P3.4——T0 计数器 0 计数输入;
- P3.5——T1 计数器 1 计数输入;
- P3.6——WR 外部 RAM 写选通信号;
- P3.7——RD 外部 RAM 读选通信号。

4.2 并行 I/O 端口 C51 编程

4.2.1 蜂鸣器案例实现

案例目标:利用三进阶方式(初级、中级和高级)实现对蜂鸣器的控制和深度的了解。

1. 蜂鸣器介绍

蜂鸣器是一种一体化结构的电子讯响器,采用直流电压供电,广泛用于电子产品中的发声器件。在单片机应用的设计上,很多方案都会用到蜂鸣器,大部分都是使用蜂鸣器来做提示或报警,比如按键按下、开始工作、工作结束或是故障等。

根据驱动方式,蜂鸣器分为有源蜂鸣器和无源蜂鸣器。

(1)有源蜂鸣器内带振荡源,采用直流信号 DC 驱动;只能以一种频率发出声音,即单音。

(2)无源蜂鸣器不带振荡源,一般采用 2~5 kHz 方波驱动,加一定频率电流发声且可改变频率发出不同声音。

由于封装不同,我们可以看到有绿色电路板的一种是无源蜂鸣器,如图 4.2.1 所示;没有电路板而用黑胶封闭的一种是有源蜂鸣器,如图 4.2.2 所示。

图 4.2.1　有源蜂鸣器实物图

图 4.2.2　无源蜂鸣器实物图

2. 原理图

单片机控制蜂鸣器原理图如图 4.2.3 所示。

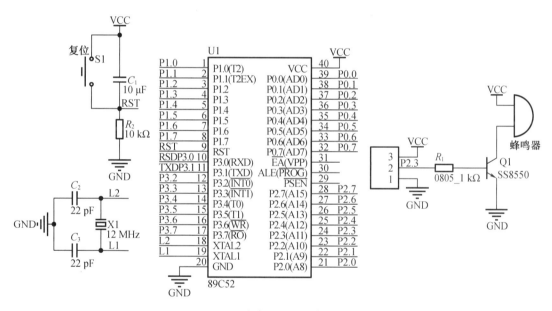

图 4.2.3　单片机控制蜂鸣器原理图

3. 程序

(1)初级蜂鸣器程序——"滴滴"声

```c
#include <reg52.h>                          //头文件
sbit beep = P2^3;                           //定义端口 void Delay()
void Delay()
{
  unsigned char i,j;                        //定义无符号字符型 i,j
  for(i=0;i<255;i++)                        //延时函数
    for(j=0;j<255;j++);
}
```

```
void main()                                        //主函数
{
  while(1)                                          //循环函数
  {
  beep = 0;                                        //蜂鸣器响
  Delay();
  beep = 1;                                        //蜂鸣器灭
  Delay();
  }
}
```

（2）中级蜂鸣器程序——报警发生器

```
#include <reg51.h>                                 //头文件
#include <intrins.h>                               //函数头文件
#defineuchar unsigned char                         //宏定义无符号字符型变量
#define uint   unsigned int                        //宏定义无符号整型变量
sbit   BEEP = P2^2;                                //端口定义
void delay500(void)                                //延时函数
{
  uchar   i;
  for(i=230;i>0;i--);
}
main()                                             //主函数
{
  uchar j;
  while(1)
  {
    for(j=200;j>0;j--)
    {
    BEEP = ~BEEP;                                  //输出频率 1kHz
    delay500();                                    //延时 500us
    }
    for(j=200;j>0;j--)
    {
      BEEP = ~BEEP;                                //输出频率 500Hz
      delay500();                                  //延时 1ms
      delay500();
    }
  }
}
```

（3）高级蜂鸣器程序——模拟音乐"世上只有妈妈好"

```
#include <reg52.h>
#define uchar unsigned char
```

```
sbit beep=P2^3;                                      //定义蜂鸣器输出端口
uchar timer0h,timer01,time;
codeuchar sszymmh[]={6,2,3,5,2,1,3,2,2,5,2,2,1,3,2,6,2,1,5,2,1,6,2,4,3,2,2,5,
2,1,6,2,1,5,2,2,3,2,1,2,1, 6,1,1,5,2,1,3,2,1,2,2,4,2,2,3,3,2,1,5,2,2,5,2,1,6,2,1,
3,2,2,2,2,2,1,2,4,5,2,3,3,2,1,2,2,1,1,2,1,6,1,1,1,2,1,5,1,
6,0,0,0  };                                          //世上只有妈妈好　数据表
codeuchar FREQH[]={0xF2,0xF3,0xF5,0xF5,0xF6,0xF7,0xF8,
                   0xF9,0xF9,0xFA,0xFA,0xFB,0xFB,0xFC,0xFC,
                                                     //1,2,3,4,5,6,7,8,i
                   0xFC,0xFD,0xFD,0xFD,0xFD,0xFE,
                   0xFE,0xFE,0xFE,0xFE,0xFE,0xFE,0xFF,} ;
                                                     //音阶频率表 高8位
codeuchar FREQL[]={0x42,0xC1,0x17,0xB6,0xD0,0xD1,0xB6,
                   0x21,0xE1,0x8C,0xD8,0x68,0xE9,0x5B,0x8F,
                                                     //1,2,3,4,5,6,7,8,i
                   0xEE,0x44, 0x6B,0xB4,0xF4,0x2D,
                   0x47,0x77,0xA2,0xB6,0xDA,0xFA,0x16,};
                                                     //音阶频率表 低8位
void delay(uchar t)                                  //延时函数
{
  uchar t1;
  unsigned long t2;
  for(t1=0;t1<t;t1++)
  {
    for(t2=0;t2<8000;t2++);
  }
  TR0=0;
}
void song()                                          //音乐处理函数
{
  TH0=timer0h;
  TL0=timer01;
  TR0=1;
  delay(time);
}
void t0int() interrupt 1                             //定时器中断函数
{
  TR0=0;
  beep=! beep;
  TH0=timer0h;
  TL0=timer01;
  TR0=1;
```

```
}
void main(void)
{
    uchar k,i;
    TMOD = 1;                                          //置 CT0 定时工作方式 1
    EA = 1;
    ET0 = 1;                                           //IE = 0x82
                                                       //CPU 开中断,CT0 开中断

    while(1)
    {
        i = 0;
        while(i<100)                                   //音乐数组长度 ,唱完从头再来
        {
            k = sszymmh[i]+7 * sszymmh[i+1]-1;
            timer0h = FREQH[k];
            timer0l = FREQL[k];
            time = sszymmh[i+2];
            i = i+3;
            song();
        }
    }
}
```

初级蜂鸣器"滴滴"声实验效果、中级蜂鸣器报警发生器实验效果、高级蜂鸣器模拟音乐"世上只有妈妈好"实验效果请扫描下方二维码进行查看。

初级蜂鸣器"滴滴"声　　　中级蜂鸣器报警发生器　　　高级蜂鸣器模拟音乐"世
实验视频　　　　　　　　实验视频　　　　　　　　上只有妈妈好"实验视频

4.2.2　红外报警案例实现

1.红外对管传感器模块介绍

红外对管传感器模块对环境光线适应能力强,其具有一对红外线发射与接收管,发射管发射出一定频率的红外线,当检测方向遇到障碍物(反射面)时,红外线反射回来被接收管接收,经过比较器电路处理之后,绿色指示灯会亮起。

同时信号输出接口输出数字信号(一个低电平信号),可通过电位器旋钮调节检测距离,有效距离为 2~80 cm,工作电压为 3.3~5 V。该传感器的探测距离可以通过电位器调节,具有干扰小、便于装配、使用方便等特点,可以广泛应用于机器人避障、避障小车、流水

线计数及黑白线循迹等众多场合,实物图如图4.2.4所示。

图 4.2.4 红外对管传感器实物图

2. 原理图

红外报警原理图如图4.2.5所示。

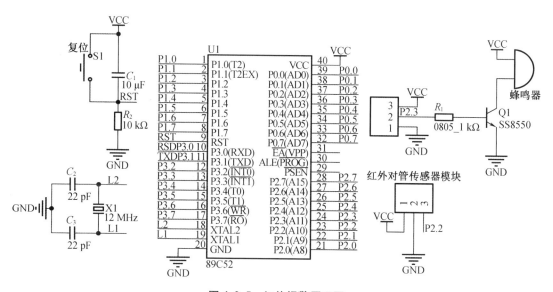

图 4.2.5 红外报警原理图

3. 程序

```
#include <reg52.h>              //头文件
sbit infrared= P2^2;           //定义红外对管模块端口
sbit beep = P2^3;              //定义蜂鸣器端口
void Delay()                   //延时函数
{
  unsigned char i,j;           //定义无符号字符型 i、j
  for(i=0;i<255;i++)           //延时函数
    for(j=0;j<255;j++);
}
void main()                    //主函数
{
  beep= 1;                     //初始化蜂鸣器灭
```

```
    while(1)                              //循环函数
    {
      if(infrared==0)                     //红外对管检测到物体
      {
      beep = 0;                           //蜂鸣器响
        Delay();
      beep = 1;                           //蜂鸣器灭
      Delay();
      }
      else
        beep = 1;                         //蜂鸣器灭
    }
}
```

红外报警实验效果请扫描右侧二维码进行查看。

4.实物图

红外对管传感器检测到遮挡物时,状态灯会亮起,同时蜂鸣器会报警,没有遮挡物时没有任何反馈。实物图如图4.2.6所示。

红外报警实验视频二维码

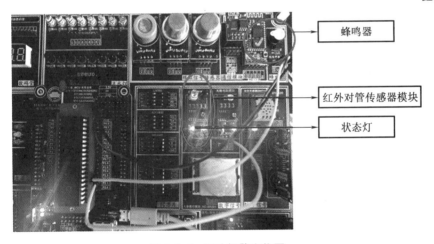

图 4.2.6　红外报警实物图

习题与思考题

1.简述 P1 口(1 号引脚~8 号引脚)结构及工作原理。

2.简述 P3 口各个引脚的特殊功能。

3.默画单片机最小系统,在 51 单片机的 P1.0 上接光敏模块,P1.1 连接蜂鸣器,P1.2 连接名为 D1 的 LED 灯,P1.3 连接名为 D2 的 LED 灯,实现功能为当有光照时候,蜂鸣器响,D1 亮,D2 熄灭;没有光照时候,蜂鸣器不响,D1 熄灭,D2 亮,同时编写程序代码。

第 5 章　显示与键盘检测

学习意义

通过学习本章内容,你能够读懂扩展后的程序,对程序的结构以及显示和键盘检测技术有一定的了解。

学习目标

- 了解显示和键盘基础知识;
- 掌握 MCS-51 系列单片机键盘显示的结构;
- 掌握 MCS-51 系列单片机键盘的工作方式;
- 掌握 MCS-51 系列单片机显示接口技术。

学习指导

仔细阅读所提供的知识内容,查阅相关资料,咨询指导教师,完成相应的学习目标。确保在完成本章学习后你想到的问题都能够得到解答。

学习准备

复习、回忆你所学过的单片机技术基础知识,查阅相关资料,了解它们的应用。

学习案例

本章首先用数码管的静态显示"1111"和动态显示"1234"案例来解释说明单片机的并行 I/O 端口对 LED 数码管的控制。根据数码管的原理进阶了解 LCD1602 液晶屏幕的静态显示和 OLED 液晶屏幕的文字、字符串、图片的显示,最后再了解独立按键和矩阵按键的实例。

案例 1 目标:4 位数码管静态显示"1111"。

案例 2 目标:4 位数码管动态显示"1234"。

案例 3 目标:液晶上第一行显示"Hello Word!",第二行显示"0123456789"。

案例 4 目标:OLED 液晶上前 2 行显示不同字体的汉字,第 3 行显示字符串,第 4 行显示每次刷屏加 1 的 ASCII 码值。

案例 5 目标:使用开发板键盘最下面一排独立键盘(K1、K5),控制右侧继电器的吸合和断开,K1 按下后松开,继电器吸合;K5 按下后松开,继电器断开。

案例 6 目标:利用矩阵键盘来控制数码管的显示,9 个按键分别代表 1~9,实验开发板上电时,数码管不显示,顺序按下对应的按键,数码管显示对应的数字 1~9,静态显示即可。矩阵键盘及本章涉及的源程序和实验资料二维码如图 5.0.1 和图 5.0.2 所示。

图 5.0.1　矩阵键盘

图 5.0.2　源程序实验资料二维码

5.1　数码管显示

在信息时代的今天,单片机应用涉及各行各业,也广泛应用到我们的生活中,如洗衣机、空调、冰箱、电子钟等的控制系统,就可以用单片机来实现。为了让人们直观地了解相关设备的当前工作状态,很多时候需要将当前的时间、温度、工作程序等状态信息通过数码管显示出来,这就涉及单片机的数码管显示技术。在实际应用中,单片机的数码管显示一般都用动态显示方式。

本节我们以 STC89C52RC 为核心控制器。相信大家已经了解 89C52 的最小系统的设计与 I/O 端口的简单控制,此处就不再赘述了。重要的是数码管的使用,当你了解数码管的引脚排列、显示原理之后,我们可以随心所欲地让数码管显示任意数字,随意变化数字顺序,等等。

5.1.1　数码管显示原理

首先,我们先来看一下数码管的结构类型,如图 5.1.1 所示,其显示的分别为单位、双位、三位、四位数码管。无论是几位的数码管,都是由多个发光二极管封装在一起组成"8"字形的器件,引线已在内部连接完成,其显示原理都是由其内部的发光二极管来发光,下面就让我们用单位数码管来讲解一下。

通常,单位数码管封装有 10 个引脚,其中第 3 位和第 8 位引脚是连接在一起的,每一只发光二极管都有一根电极引到外部引脚上,而另外一只引脚连接在一起,同样也引到外部引脚上,记作公共端。数码管上的 8 个 LED 小灯我们称之为段,分别为 a、b、c、d、e、f、g、dp,其中 dp 为小数点,具体位置如图 5.1.2(a)。

数码管的公共端又分为共阴极和共阳极,如图 5.1.2(b)所示。对于共阴极数码管来说,其内部 8 个发光二极管的阴极全部连接在一起,使用时,只需将公共端接低电平(一般接地),将想要点亮的二极管的阳极接高电平即可。例如,我们想让共阴极数码管显示十六进制的"E",就应该将 b、c 和 dp 接地,其余段都接高电平。同理,共阳极数码管则是内部 8 个发光二极管的阳极全部连接在一起,使用时将公共端接高电平,给想要点亮的二极管送低电平。如果我们想要点亮"0",就要给 g 和 dp 送高电平,其余的送低电平。一般情况,公共端直接接电源,而段选接单片机 I/O 端口以实现控制的目的。

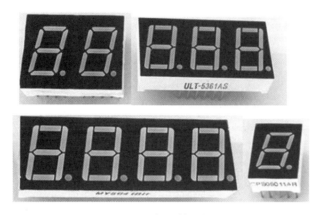

图 5.1.1 数码管实物图

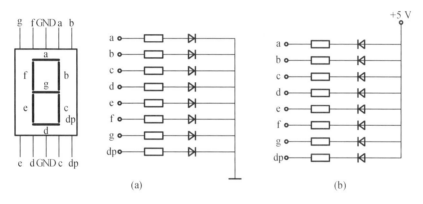

图 5.1.2 数码管原理图

当我们手拿一个数码管不知道是共阴极还是共阳极的时候,不要觉得没有头绪,最简单的办法就是用数字万用表来测量。数字万用表红表笔接内部电池正极,黑表笔接内部电池负极,将万用表置于二极管档时,两表笔之间的电压为 1.5 V,正好能够让红色二极管发光。当将红表笔置于 3 或 8 引脚,将黑表笔置于其他任一引脚,都有二极管亮,则这个数码管为共阳极;反之,将黑表笔置于 3 或 8 引脚,将红表笔置于其他任一引脚,都有二极管亮,则这个数码管为共阴极,测量数码管操作图如图 5.1.3 所示。

LED 静态显示是指数码管显示某一字符时,相应的发光二极管恒定导通或恒定截止,公共端恒定接地(共阴极)或接正电源(共阳极)。LED 动态显示是一位一位地轮流点亮各位数码管的显示方式,每位数码管点亮的时间大约在 1 ms。但由于 LED 具有余辉特性并且人眼也有视觉暂留特性,使人看起来就好像在同时显示不同的字符一样。静态显示的优点是,显示控制程序简单,显示亮度大,节约单片机工作时间。静态显示的缺点是,在显示位数较多时,静态显示占用的 I/O 端口线较多,或者需要增加额外的硬件电路,硬件成本较高。动态显示的优点是,可以大大简化硬件线路。动态显示的缺点是,要循环执行显示程序,对各个数码管进行动态扫描,消耗单片机较多的运行时间;在显示器位数较多或刷新间隔较大时,会有一定的闪烁现象,显示亮度较暗。

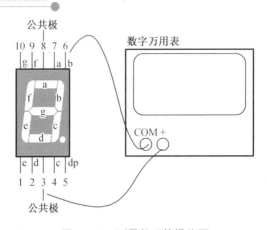

图 5.1.3　测量数码管操作图

5.1.2　数码管静态显示应用举例

静态显示的特点是每个数码管的段选必须接一个 8 位数据线来保持显示的字形码。当送入一次字形码后,显示字形可一直保持,直到送入新字形码为止。这种方法的优点是占用 CPU 时间少,显示便于检测,可控制;缺点是硬件电路比较复杂,成本较高。这里以共阴极数码管举例。原理图如图 5.1.4 所示。

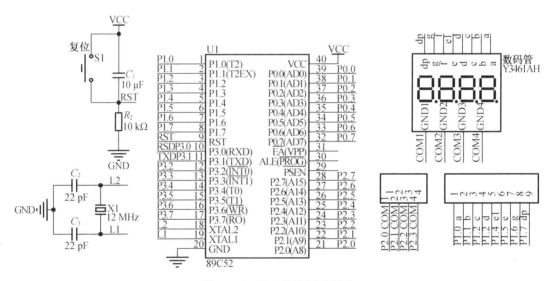

图 5.1.4　数码管显示原理图

无论是几个单位数码管放在一起,还是多位一体数码管,标有 a、b、c、d、e、f、g、dp 的引脚是全部连接在一起的。如图 5.1.4 所示,标有相同标号的引脚连接在一起。接下来我们分析一下怎么让数码管静态显示"1111"。要想让数码管显示 1,就应该使 b、c 段为高电平,那么 P1 口要输出的数据为 0000 0110,化为十六进制为 0x06。由于数码管为共阴极,所以位选选通时为低电平,关闭时为高电平。因为这里以四个数码管举例,所以 P16 中的 COM1、COM2、COM3、COM4 分别接 P2.0、P2.1、P2.2、P2.3,置为高电平,a、b、c、d、e、f、g、dp 分别连接 P1.0、P1.1、P1.2、P1.3、P1.4、P1.5、P1.6、P1.7。那么 P2 口要输出的数据为

1100 0000,即 0xC0,C 语言程序如下:

```
#include "reg52.h"                    //头文件
typedef unsigned int u16;             //对系统默认数据类型进行重定义
typedef unsigned char u8;
#define SMG P1                        //使用宏定义数码管段码口
                                      //共阴极数码管显示 0~F 的段码数据
u8 gsmg_code[17]={0x3f,0x06,0x5b,0x4f,0x66,0x6d,0x7d,0x07,0x7f,0x6f,0x77,
0x7c,0x39,0x5e,0x79,0x71};
void main()
{
SMG=gsmg_code[1];                     //将数组第 2 个数据赋值给数码管段选口
P2=0xc0;
while(1)
{
}
}
```

数码管静态显示效果图如图 5.1.5 所示。

图 5.1.5 数码管静态显示效果图

为了使大家操作方便,现将共阴极数码管段选编码整理如表 5.1.1 所示。

表 5.1.1 共阴极数码管段选编码表

符号	编码	符号	编码
0	0x3f	8	0x7f
1	0x06	9	0x6f
2	0x5b	A	0x77
3	0x4f	b	0x7c
4	0x66	C	0x39
5	0x6d	d	0x5e
6	0x7d	E	0x79
7	0x07	F	0x71

案例 1 是静态显示"1111",如果我们想让其显示"1111"之后再显示"2222"该怎么编程序呢? 这里就涉及了另一个知识点:编码定义方法及调用数组。在用 C 语言编程时,编码

方法如下:

```
u8 gsmg_code[17]={0x3f,0x06,0x5b,0x4f,0x66,0x6d,0x7d,0x07,0x7f,0x6f,0x77,
0x7c,0x39,0x5e,0x79,0x71};
```

编码定义方法与 C 语言中数组定义方法非常相似, unsigned char 是数组类型,u8 代表 unsigned char(无符号8位二进制数),这个我们可以自由定义,只要不与关键字重名即可,但 gsmg_code 后必须加"[ ]",中括号内部要注明当前数组内的元素个数,也可以不注明。大家应该注意的是中括号内每个元素中间加","而不是";",并且最后一个元素后面不放符号。

调用数组的方法如下:

```
SMG=gsmg_code[1];
```

即将 gsmg_code 这个数组中第二个元素赋值给 P1 口,也就是 P1=0x06,因为前面使用了宏定义,所以 SMG 代替 P1。注意在调用数组时,gsmg_code 后面中括号里的数字是从 0 开始的,对应后面大括号里的第一个元素。

【例 5.1.1】 结合我们在 C 语言中学过的延时程序,让 4 个数码管全体从 0 到 F 循环显示。程序如下:

```
#include "reg52.h"                    //头文件
typedef unsigned int u16;              //对系统默认数据类型进行重定义
typedef unsigned char u8;
#define SMG P1                         //使用宏定义数码管段码口
                                       //共阴极数码管显示 0~F 的段码数据
u8gsmg_code[17]={0x3f,0x06,0x5b,0x4f,0x66,0x6d,0x7d,0x07,
0x7f,0x6f,0x77,0x7c,0x39,0x5e,0x79,0x71};
void delay(int x)                      //延时函数
{
int a;
while(x--)
  for(a=3000;a>0;a--);
}
void main()                            //主函数
{
chari=0;
P2=0xc0;
while(1)
{
  SMG=gsmg_code[i];                    //将数组第 2 个数据赋值给数码管段选口
  delay(20);
  i++;
    if(i>=16)
  i=0;
  }
}
```

4 位数码管显示相同数字效果图如图 5.1.6 所示。

图 5.1.6 4 位数码管显示相同数字效果图

5.1.3 数码管动态显示应用举例

数码管的动态显示就是逐位轮流点亮各位数码管的方式,又叫作数码管的位扫描方式。该方式通常将多个数码管的 a、b、c、d、e、f、g、dp 全部连接在一起,而各数码管的位选通常独立。其工作过程是某一时刻只选通一位数码管,并送出相应的字形码,在另一时刻选通另一位数码管,并送出相应的字形码,依此规律循环,使各位数码管显示欲显示的字符。虽然这些字符是在不同的时刻分别显示,但由于人眼存在视觉暂留效应,只要每位显示间隔足够短,就可以给人以同时显示的感觉。动态显示能节省 I/O 端口,硬件相对简单,但其亮度不如静态显示方式,而且在显示位数较多时,CPU 依次扫描,需占用较多的时间。

【例 5.1.2】 实现第一个数码管显示 1,再关闭;第二个数码管立即显示 2,再关闭;一直到第四个数码管显示 4,关闭后再回来显示第一个数码管,如此循环下去。程序如下:

```c
#include "reg52.h"                    //头文件
typedef unsigned int u16;            //对系统默认数据类型进行重定义
typedef unsigned char u8;
#define SMG  P1                       //使用宏定义数码管段码口
sbit LSA = P2^0;                      //定义数码管位选信号控制脚
sbit LSB = P2^1;
sbit LSC = P2^2;
sbit LSD = P2^3;
                                     //共阴极数码管显示 0～F 的段码数据
u8gsmg_code[17] = {0x3f,0x06,0x5b,0x4f,0x66,0x6d,0x7d,0x07,
0x7f,0x6f,0x77,0x7c,0x39,0x5e,0x79,0x71};
void delay(int x)                    //延时函数
{
int a;
while(x--)
  for(a=3000;a>0;a--);
}
void smg_display(void)               //数码管显示子函数
{
```

```
u8 i = 0;
for(i = 1; i < 5; i++)
{
    switch(i)                                          //位选
    {
        case 1: LSD = 1; LSC = 1; LSB = 1; LSA = 0; break;
        case 2: LSD = 1; LSC = 1; LSB = 0; LSA = 1; break;
        case 3: LSD = 1; LSC = 0; LSB = 1; LSA = 1; break;
        case 4: LSD = 0; LSC = 1; LSB = 1; LSA = 1; break;
    }
    SMG = gsmg_code[i];                                //传送段选数据
    delay(10);                                         //延时一段时间,等待显示稳定
    SMG = 0x00;                                        //消音
}
}
void main()
{
while(1)
{
    smg_display();
}
}
```

数码管动态显示效果图如图 5.1.7 所示。

图 5.1.7　数码管动态显示效果图

通过这个例题,大家可以发现,数码管动态显示主要就是要掌握段选、位选、数码管上各字符的编码还有 C 语言中的延时程序,程序虽然很长,但是理解起来很容易。另外需要注意的是,延时程序在数码管动态显示中是必不可少的,大家可以通过调整 delay(10) 中的数值充分理解数码管静态显示和动态显示的关系。其实动态显示就是特殊的静态显示,只不过每两次显示之间有延时,比如第一次只是第一个数码管显示 1,延时一小会儿,第二次第二个数码管只显示 2,只要调试好延时的时间,看上去就好像 1 和 2 同时显示一样,也就是通过延时的多少可以看到动态显示的效果,大家一定要掌握。

5.2　LCD1602 液晶显示

　　LCD1602 液晶是一种字符型点阵式液晶模块（Liquid Crystal Display Module），简称 LCM，或者是字符型 LCD。LCD 是指液晶显示器，LCM 是指整个液晶显示模组，包括了 LCD、驱动、背光等。LCD1602 分为带背光和不带背光两种，带背光的比不带背光的厚，是否带背光在应用中并无差别。LCD1602 字符液晶在实际的产品中运用得也比较多，对于单片机的学习而言，掌 LCD1602 的用法是每一个学习者必然要经历的过程。在此，我们将 LCD1602 的使用方法总结给大家，希望能够给初学者一些指导，少走一点弯路。

5.2.1　LCD1602 液晶显示简介

　　所谓 1602 是指显示的内容为 16×2，即可以显示两行，每行 16 个字符。目前市面上字符液晶绝大多数是基于 HD44780 液晶芯片的，控制原理是完全相同的，基于 HD44780 写的控制程序可以很方便地应用于市面上大部分的字符型液晶。绝大多数 1602 模组也是基于 HD44780 液晶芯片的，本节以并行操作为主进行讲解，LCD1602 液晶实物图正面如图 5.2.1 所示，LCD1602 液晶实物图背面如图 5.2.2 所示。

图 5.2.1　LCD1602 液晶实物图正面

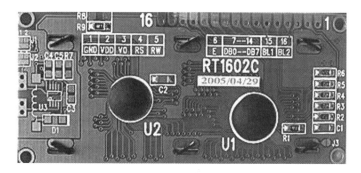

图 5.2.2　LCD1602 液晶实物图背面

1.引脚定义(表5.2.1)

表5.2.1 LCD1602 液晶引脚定义

编号	符号	引脚说明	编号	符号	引脚说明
1	VSS	电源地	9	D2	数据
2	VDD	电源正极	10	D3	数据
3	VL	液晶显示偏压	11	D4	数据
4	RS	数据/命令选择	12	D5	数据
5	R/W	读/写选择	13	D6	数据
6	E	使能信号	14	D7	数据
7	D0	数据	15	BLA	背光源正极
8	D1	数据	16	BLK	背光源负极

2.引脚功能特点

引脚有 16 个,采用并行接口方式,各引脚的功能及使用方法如下:

VSS(引脚 1):电源地。

VDD(引脚 2):电源正极,接+5 V 电源。

VL(引脚 3):液晶显示偏压信号。

RS(引脚 4):数据/指令寄存器选择端,高电平时选择数据寄存器,低电平时选择指令寄存器。

R/W(引脚 5):读/写选择端。高电平时为读操作,低电平时为写操作。

E(引脚 6):使能信号,下降沿触发。

D0~D7(引脚 7~14):I/O 数据传输线。

BLA(引脚 15):背光源正极。

BLK(引脚 16):背光源负极。

3.显示位与 RAM 地址的对应关系(地址映射)

控制器内部带有 80×8 bit 的 RAM 缓冲区,显示位与 RAM 地址的对应关系(十六进制 HEX 形式)如图 5.2.3 所示。

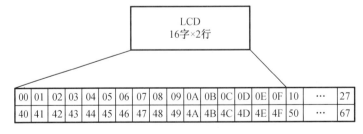

图 5.2.3 显示位与 RAM 地址的对应关系

00~0F 地址对应第一行,40~4F 地址对应第二行,当我们向图 5.2.3 中所示的任一地址写入显示数据时,液晶可以正常显示出来,但是写入到 10~27 或 50~67 地址处时,必须通过移屏指令显示。在写数据前先要通知液晶(上面第一行前 16 个和第二行前 16 个地址)要显示在哪个位置,显示地址是通过写命令实现的。

4. 状态字说明(表 5.2.2)

表 5.2.2　状态字说明

STA7 D7	STA6 D6	STA5 D5	STA4 D4	STA3 D3	STA2 D2	STA1 D1	STA0 D0
STA0~STA6		当前地址指针的数值					
STA7		读/写操作使能			1—禁止　0—允许		

说明:当 STA7 为 0 时,才可以进行读/写操作,即每次进行读写操作之前,都要确保 STA7 为 0 时才可以读写成功,但是单片机的操作速度往往慢于液晶控制器的反应速度,因此,只需要简短延时即可,不必进行检测。

5. 指令操作

LCD1602 液晶模块内部的控制器共有 11 条控制指令,如表 5.2.3 所示。

表 5.2.3　LCD1602 液晶模块控制器指令

序号	指令	RS	R/W	D7	D6	D5	D4	D3	D2	D1	D0
1	清显示	0	0	0	0	0	0	0	0	0	1
2	光标返回	0	0	0	0	0	0	0	0	1	*
3	置输入模式	0	0	0	0	0	0	0	1	I/D	S
4	显示开/关控制	0	0	0	0	0	0	1	D	C	B
5	光标或字符移位	0	0	0	0	0	1	S/C	R/L	*	*
6	置功能	0	0	0	0	1	DL	N	F	*	*
7	置字符发生存储器地址	0	0	0	1	字符发生存储器地址					
8	数据存储器地址	0	0	1	显示数据存储器地址						
9	读忙标志或地址	0	1	BF	计数器地址						
10	写数到 CGRAM 或 DDRAM	1	0	要写的数据内容							
11	从 CGRAM 或 DDRAM 读数	1	1	读出的数据内容							

LCD1602 液晶模块的读/写操作、屏幕和光标的操作都是通过指令编程来实现的。
(说明:1 为高电平、0 为低电平)

指令 1(清显示):指令码 01H,光标复位到地址 00H 位置。

指令 2(光标返回):光标复位,光标返回到地址 00H。

指令 3(置输入模式):I/D=1,当读或写一个字符后地址指针加 1,且光标加 1。I/D=0,当读或写一个字符后地址指针减 1,且光标减 1。

S=1,当写一个字符时,整屏显示左移(I/D=1)或右移(I/D=0)以达到光标不移动而屏幕移动的效果;S=0,当写一个字符时,整屏显示不移动。

指令4(显示开/关控制):显示开关控制。

D:控制整体显示的开与关,高电平表示开显示,低电平表示关显示。

C:控制光标的开与关,高电平表示有光标,低电平表示无光标。

B:控制光标是否闪烁,高电平闪烁,低电平不闪烁。

指令5(光标或字符移位):

S/C=0R/L=0,光标左移;

S/C=0R/L=1,光标右移;

S/C=1R/L=0,整屏左移,同时光标跟随移动;

S/C=1R/L=1,整屏右移,同时光标跟随移动。

指令6(置功能):功能设置命令。DL:高电平时为8位总线,低电平时为4位总线。N:低电平时为单行显示,高电平时双行显示。F:低电平时显示5×7的点阵字符,高电平时显示5×10的点阵字符。

指令7(置字符发生存储器地址):字符发生器RAM地址设置。

指令8(数据存储器地址):DDRAM地址设置。

指令9(读忙标志或地址):读忙信号和光标地址。BF:为忙标志位,高电平表示忙,此时模块不能接收命令或者数据,如果为低电平表示不忙。

指令10(写数到CGRAM或DDRAM):写数据。

指令11(从CGRAM或DDRAM读数):读数据。

注意以上11条指令在实际编程时并不是都使用,希望大家根据实例有所注意。

6. 基本操作时序

与HD44780相兼容的芯片时序总结如表5.2.4所示。

表5.2.4　LCD1602芯片时序总结

读状态	输入:RS=L,RW=H,E=H	输出:D0~D7=状态字
写指令	输入:RS=L,RW=L,D0~D7=指令码,E=高脉冲	输出:无
读数据	输入:RS=H,RW=H,E=H	输出:D0~D7=数据
写数据	输入:RS=H,RW=L,D0~D7=数据,E=高脉冲	输出:无

7. 读写操作时序(图5.2.4和图5.2.5)

注意:一般情况下我们主要是进行写操作。

8. 初始化过程

(1)清屏指令码:0x01

(2)显示模式设置指令码:0x38 设置16×2显示、5×7点阵、8位数据。

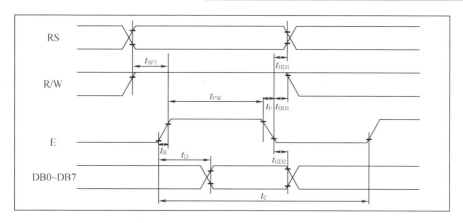

图 5.2.4 读操作时序图

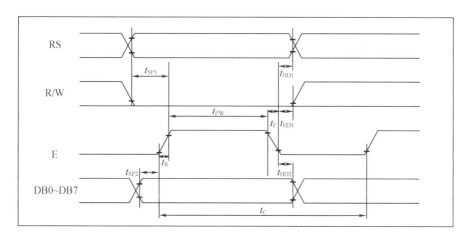

图 5.2.5 写操作时序图

（3）示屏显示开或关及光标设置

指令码:0x0e LCD 显示开启、显示光标且光标不闪烁。

指令码:0x0f LCD 显示开启、显示光标且光标闪烁。

指令码:0x0c LCD 显示开启、不显示光标且光标不闪烁。

现以 0x0c 为例,0x0c 为十六进制,化为二进制是 00001100,从右到左分别与表 5.2.3 的 D0～D7 对应。

（4）LCD 内部指针移动方向、光标移动方向。

指令码:0x06 地址指针和光标右移（即后移）。

指令码:0x04 地址指针和光标左移（即前移）。

另外:整屏左移指令码为 0x18;整屏右移指令码为 0x1C。

5.2.2 LCD1602 液晶显示应用举例

案例目标:液晶上第一行显示"Hello Word!",第二行显示"0123456789"。

1.原理图

单片机控制 LCD1602 显示原理图如图 5.2.6 所示。

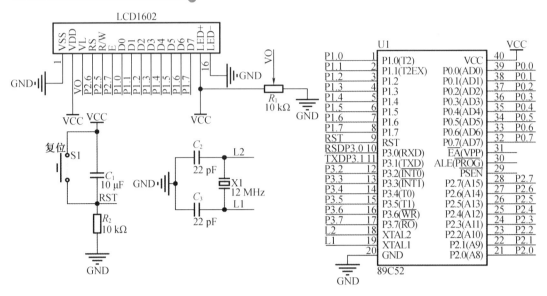

图 5.2.6　单片机控制 LCD1602 显示原理图

2. 程序

说明:本案例分为 3 个. c 文件:main. c 存放主函数程序,lcd1602. c 存放 LCD 显示屏的驱动程序,public. c 存放延时函数程序。. h 文件主要编写相关函数定义,这样编写程序的好处是简单分明,在主函数只需要调用相关子函数即可,源程序代码扫描图 5.0.2 所示的二维码进行查看,程序文件构成如图 5.2.7 所示。

图 5.2.7　程序文件构成图

```
main.c 函数
#include "public.h"
#include "lcd1602.h"
void main()
{
```

```
lcd1602_init();                                   //LCD1602 初始化
lcd1602_show_string(0,0,"Hello World!");          //第一行显示
lcd1602_show_string(0,1,"0123456789");            //第二行显示
while(1)
{

}
```

lcd1602.c 函数

```
#include "lcd1602.h"
#if (LCD1602_4OR8_DATA_INTERFACE==0)              //8 位 LCD
void lcd1602_write_cmd(u8 cmd)
{
LCD1602_RS=0;                                     //选择命令
LCD1602_RW=0;                                     //选择写
LCD1602_E=0;
LCD1602_DATAPORT=cmd;                             //准备命令
delay_ms(1);
LCD1602_E=1;                                      //使能脚 E 先上升沿写入
delay_ms(1);
LCD1602_E=0;                                      //使能脚 E 后负跳变完成写入
}
#else                                             //4 位 LCD
void lcd1602_write_cmd(u8 cmd)
{
LCD1602_RS=0;                                     //选择命令
LCD1602_RW=0;                                     //选择写
LCD1602_E=0;
LCD1602_DATAPORT=cmd;                             //准备命令
delay_ms(1);
LCD1602_E=1;                                      //使能脚 E 先上升沿写入
delay_ms(1);
LCD1602_E=0;                                      //使能脚 E 后负跳变完成写入
LCD1602_DATAPORT=cmd<<4;                          //准备命令
delay_ms(1);
LCD1602_E=1;                                      //使能脚 E 先上升沿写入
delay_ms(1);
LCD1602_E=0;                                      //使能脚 E 后负跳变完成写入
}
#endif
#if (LCD1602_4OR8_DATA_INTERFACE==0)              //8 位 LCD
void lcd1602_write_data(u8 dat)
{
```

```
        LCD1602_RS=1;                                   //选择数据
        LCD1602_RW=0;                                   //选择写
        LCD1602_E=0;
        LCD1602_DATAPORT=dat;                           //准备数据
        delay_ms(1);
        LCD1602_E=1;                                    //使能脚 E 先上升沿写入
        delay_ms(1);
        LCD1602_E=0;                                    //使能脚 E 后负跳变完成写入
    }
    #else
    void lcd1602_write_data(u8 dat)
    {
        LCD1602_RS=1;                                   //选择数据
        LCD1602_RW=0;                                   //选择写
        LCD1602_E=0;
        LCD1602_DATAPORT=dat;                           //准备数据
        delay_ms(1);
        LCD1602_E=1;                                    //使能脚 E 先上升沿写入
        delay_ms(1);
        LCD1602_E=0;                                    //使能脚 E 后负跳变完成写入
        LCD1602_DATAPORT=dat<<4;                        //准备数据
        delay_ms(1);
        LCD1602_E=1;                                    //使能脚 E 先上升沿写入
        delay_ms(1);
        LCD1602_E=0;                                    //使能脚 E 后负跳变完成写入
    }
    #endif
    #if (LCD1602_4OR8_DATA_INTERFACE==0)                //8 位 LCD
    void lcd1602_init(void)
    {
        lcd1602_write_cmd(0x38);                        //数据总线8位,显示2行,5*7
                                                          点阵/字符
        lcd1602_write_cmd(0x0c);                        //显示功能开,无光标,光标闪烁
        lcd1602_write_cmd(0x06);                        //写入新数据后光标右移,显示
                                                          屏不移动
        lcd1602_write_cmd(0x01);                        //清屏
    }
    #else
    void lcd1602_init(void)
    {
        lcd1602_write_cmd(0x28);                        //数据总线4位,显示2行,5*7
                                                          点阵/字符
```

```
lcd1602_write_cmd(0x0c);                        //显示功能开,无光标,光标闪烁
lcd1602_write_cmd(0x06);                        //写入新数据后光标右移,显示
                                                  屏不移动
lcd1602_write_cmd(0x01);                        //清屏
}
#endif
void lcd1602_clear(void)
{
lcd1602_write_cmd(0x01);
}
void lcd1602_show_string(u8 x,u8 y,u8 * str)
{
u8 i = 0;
if(y>1||x>15)return;                            //行列参数不对则强制退出
if(y<1)                                         //第1行显示
{
  while( * str! = '\0')                         //字符串是以'\0'结尾,只要前
                                                  面有内容就显示
  {
    if(i<16-x)                                  //如果字符长度超过第一行显示
                                                  范围,则在第二行继续显示
    {
      lcd1602_write_cmd(0x80+i+x+2);            //第一行显示地址设置
    }
    else
    {
      lcd1602_write_cmd(0x40+0x80+i+x-16);     //第二行显示地址设置
    }
    lcd1602_write_data( * str);                 //显示内容
    str++;                                      //指针递增
    i++;
  }
}
else                                            //第2行显示
{
  while( * str! ='\0')
  {
    if(i<16-x)                                  //如果字符长度超过第二行显示
                                                  范围,则在第一行继续显示
    {
      lcd1602_write_cmd(0x80+0x40+i+x);
    }
```

```
    else
    {
      lcd1602_write_cmd(0x80+i+x-16);
    }
    lcd1602_write_data( * str);
    str++;
    i++;
    }
  }
}
```

1. 实物图

实物显示图如图 5.2.8 所示。

图 5.2.8　实物显示图

2. 程序分析

①先定义 LCD 的写数据和 LCD 写指令,分别为"lcd1602_write_data"和"lcd1602_write_cmd"函数内部语句的书写是按照时序图,大家可以自行对照。

②显示操作过程:

首先确认显示的位置,即第几行;第几个字符开始显示,也就是显示的地址。第一行的显示地址是 0X80+(00~0F),第二行的显示地址是 0X80+(40~4F)。

③初始化中几个命令的解释知识:

```
lcd1602_write_cmd(0x38);                //数据总线 8 位,显示 2 行,5 * 7 点阵/字符
lcd1602_write_cmd(0x0c);                //显示功能开,无光标,光标闪烁
lcd1602_write_cmd(0x06);                //写入新数据后光标右移,显示屏不移动
lcd1602_write_cmd(0x01);                //清屏
```

将数据指针定位到第一行第一处。

④在写第二行时需要重新定位数据指针:lcd1602_write_cmd(0x80+0x40+i+x);。

⑤0x07 指令也可完成移屏功能,大家可自行做实验验证,主要弄懂程序中的每一个函数并且使之联系到一起。

5.3　OLED 液晶显示

OLED 是一种利用多层有机薄膜结构产生电致发光的器件,它很容易制作,而且只需要低的驱动电压,这些主要的特征使得 OLED 在满足平面显示器的应用上显得非常突出。OLED 显示屏比 LCD 更轻薄,亮度高、功耗低、响应快、清晰度高、柔性好、发光效率高,能满足消费者对显示技术的新需求。全球越来越多的显示器厂家纷纷投入研发,大大地推动了OLED 的产业化进程。

5.3.1　OLED 液晶简介

LCD 都需要背光,而 OLED 不需要,因为它是自发光的。对于同样的显示,OLED 效果要来得好一些。以目前的技术,OLED 的尺寸还难以大型化,但是分辨率却可以做到很高。本节以中景园电子的 0.96 寸 OLED 显示屏为例进行介绍,该屏有以下特点。

(1)0.96 寸 OLED 有黄蓝、白、蓝三种颜色可选;其中黄蓝是屏上 1/4 部分为黄光,下3/4 为蓝光,而且是固定区域显示固定颜色,颜色和显示区域均不能修改;白光为纯白,显示时为黑底白字;蓝色为纯蓝,显示时为黑底蓝字。

(2)分辨率为 128×64。

(3)多种接口方式。OLED 裸屏共有 5 种接口方式,包括:6800 并行接口方式、8080 并行接口方式、3 线的串行 SPI 接口方式、4 线的串行 SPI 接口方式、IIC 接口方式(只需要 2 根线就可以控制 OLED),这 5 种接口是通过屏上的 BS0～BS2 来配置的。SPI 实物显示图如图 5.3.1 所示,IIC 实物显示图如图 5.3.2 所示。

图 5.3.1　SPI 实物显示图

图 5.3.2　IIC 实物显示图

(4)SPI 协议接口

GND:电源地。

VCC:电源正(3～5.5 V)。

D0:OLED 的 D0 脚,在 SPI 和 IIC 通信中为时钟管脚。

D1:OLED 的 D1 脚,在 SPI 和 IIC 通信中为数据管脚。

RES:OLED 的 RES#脚,用来复位(低电平复位)。

DC:OLED 的 D/C#E 脚,数据和命令控制管脚。

(5)IIC 协议接口说明

GND:电源地。

VCC:电源正(3~5.5 V)。

SCL:OLED 的 D0 脚,在 IIC 通信中为时钟管脚。

SDA:OLED 的 D1 脚,在 IIC 通信中为数据管脚。

5.3.2 OLED 程序移植

在此以 C51 驱动 IIC 协议 OLED 液晶程序来做简单说明,大家在移植的时候尽量参考 C51 的程序。大家打开程序会发现主要有几个文件,文件结构如图 5.3.3 所示。

图 5.3.3 文件结构图

(1)bmp. h:存放的图片数据,也就是大家对一张 BMP 图片取模的数据。

(2)oledfont. H:存放的字库数据,包含常用的字符和用户所取模的中文。

(3)oled. c:函数的操作。

(4)main. c:系统主函数。

(5)oLED. H:函数说明和管脚定义。引脚定义如下。

```
sbit OLED_SCL=P1^0;                              //时钟 D0(SCLK)
sbit OLED_SDIN=P1^1;                             //D1(MOSI)数据

#define OLED_CS_Clr()   OLED_CS=0
#define OLED_CS_Set()   OLED_CS=1

#define OLED_RST_Clr()  OLED_RST=0
#define OLED_RST_Set()  OLED_RST=1

#define OLED_DC_Clr()   OLED_DC=0
#define OLED_DC_Set()   OLED_DC=1

#define OLED_SCLK_Clr()  OLED_SCL=1
#define OLED_SCLK_Set()  OLED_SCL=1

#define OLED_SDIN_Clr()  OLED_SDIN=0
#define OLED_SDIN_Set()  OLED_SDIN=1
```

上面 2 行是对接口管脚的定义,而下面的 10 行则是对管脚定义重新做了一次更为统一的定义,大家会发现基本所有平台和程序中都用了下面 10 行的定义,也就是说大家在用的时候只要把前面2个脚的定义搞对了,把这2个名字与你处理器上面2个不同的管脚统一起来,程序移植基本上就完成了。这些完成以后基本上可以把屏点亮,但亮并不代表稳定,这个时候一些时序可能需要调整一下,毕竟不同的平台速度可能有些不同;不过一般情况下是不用调整的,除非你的处理器速度非常快,有的地方可能要加一些延迟。

5.3.3 OLED 字库取模

取模主要有图片、字符、汉字三种,取模的原理是一样的。下文简要介绍图片取模生成方法和汉字取模生成方法。

1. 图片取模生成方法

打开 PCtoLCD2002.exe 软件,先打开 bmp 格式图片,如图5.3.4所示,然后模式设置如图5.3.5所示,最后生成 bmp 图像字模即可,如图5.3.6所示。

bmp 图像字模生成后,粘贴到 bmp.h 文件里。在主函数调用图片函数即可,如 OLED_DrawBMP(0,0,128,8,BMP1);其中 OLED_DrawBMP 函数里参数分别是(x 轴坐标、y 轴坐标、图片横向像素点大小、图片纵向像素点大小、图片名称)。

图5.3.4 图片取模(打开 bmp 格式的图片)

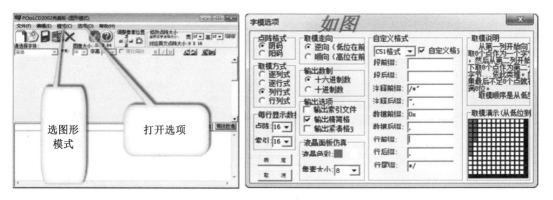

图5.3.5 模式设置

图 5.3.6 生成 bmp 图像字模

2. 汉字取模生成方法

汉字取模方式和图片方式一样,唯一不同是在模式选择的时候选择字符模式(图 5.3.7),然后生成汉字字模(图 5.3.8)。

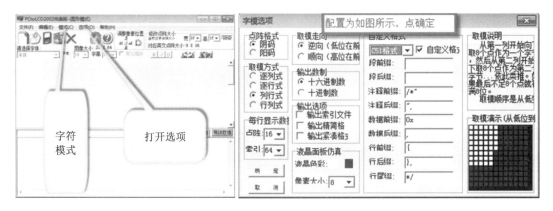

图 5.3.7 模式设置

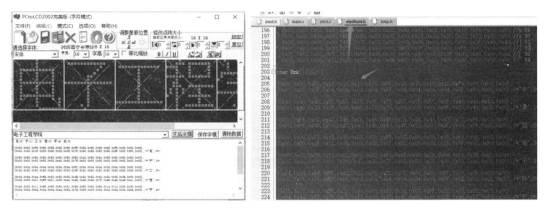

图 5.3.8 生成汉字字模

字库字模生成后,粘贴到 oledfont. h 文件里。在主函数调用图片函数即可,如 OLED_ShowCHinese(54,0,3),其中 OLED_ShowCHinese 函数里 3 个参数分别是(x 轴坐标、y 轴坐标、显示该汉字在字库里的顺序),汉字顺序在字库里是从 0 的顺序开始的。

5.3.4 OLED 液晶显示应用举例

案例目标:OLED 液晶上前 2 行显示不同字体的汉字,第 3 行显示字符串,第 4 行显示每次刷屏加 1 的 ASCII 码值。

1. 原理图

单片机控制 OLED 显示原理图如图 5.3.9 所示。

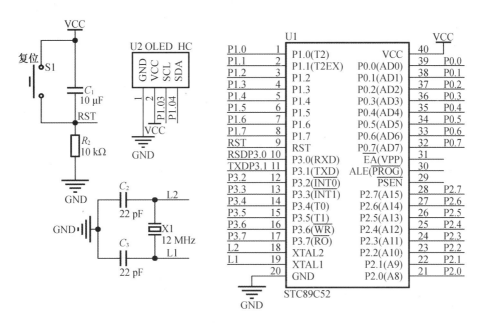

图 5.3.9 单片机控制 OLED 显示原理图

2. 程序

```
#include "REG51.h"                              //51 头文件
#include "oled.h"                               //调用 OLED 头文件
int main(void)
{ u8 t=0;
OLED_Init();                                    //初始化 OLED
OLED_Clear();                                   //清屏
while(1)
{OLED_Clear();                                  //清屏
  OLED_ShowCHinese(14,0,0);                     //电
  OLED_ShowCHinese(32,0,1);                     //子
  OLED_ShowCHinese(50,0,2);                     //工
  OLED_ShowCHinese(68,0,3);                     //程
  OLED_ShowCHinese(86,0,4);                     //学
  OLED_ShowCHinese(104,0,5);                    //院
  OLED_ShowCHinese(14,2,6);                     //汉
  OLED_ShowCHinese(32,2,7);                     //字
```

```
OLED_ShowCHinese(50,2,8);                       //显
OLED_ShowCHinese(68,2,9);                       //示
OLED_ShowCHinese(86,2,10);                      //测
OLED_ShowCHinese(104,2,11);                     //试
OLED_ShowString(0,4,"Character TEST",16);       //显示字符串
OLED_ShowString(10,6,"ASCII: ",16);
OLED_ShowNum(60,6,t,3,16);                       //显示 ASCII 字符的码值
    t++;
delay_ms(100);
}
}
```

3. 实物图

实物显示图如图 5.3.10 所示。

图 5.3.11 单片机控制 OLED 显示图

5.4 键盘检测应用举例

与单片机进行信息交流主要包含输入设备和输出设备。前面讲的 LED 小灯、数码管、LCD1602 和 OLED 液晶都是输出设备,下面我们研究最常用的输入设备——按键,按键包括独立按键和矩阵按键。

键盘分为编码键盘和非编码键盘。键盘上闭合键的识别由专用的键盘控制芯片实现,如计算机键盘等。本节重点介绍非编码按键,即靠软件编程来识别的键盘,在单片机组成的各种系统中,用得较多的是非编码键盘。

通过本案例目标的学习你将了解到:

(1)使用 C 语言进行独立键盘的检测;

(2)使用 C 语言进行矩阵键盘的检测;

(3)键盘和数码管的综合应用。

希望大家学习本节课之后能够独立编写键盘程序。

5.4.1　独立键盘检测应用举例

单片机的外围电路中,通常用到的按键就是开关,当开关闭合时,线路导通,开关断开时,线路断开,几种常见的单片机系统按键如图5.4.1所示。

(a)直插式弹性按键

(b)贴皮式按键

(c)自锁式按键

图 5.4.1　常见的按键

弹性按键有时也叫复位按键,被按下时闭合,松手后自动断开。自锁式按键按下时闭合且会自动锁住,再次按下时会弹起断开。一般情况下我们把自锁式按键当作开关使用,控制整个电源的导通与截止,把复位按键当作单片机外围输入控制较好,单片机的 I/O 端口既可作为输出也可作为输入使用。我们把按键的一端接地,另一端与单片机的某个 I/O 端口相连,开始时先给该 I/O 端口赋一高电平,作为输入功能的按键接地时可以将响应的 I/O 端口电平拉低。单片机不断地检测该 I/O 端口是否变为低电平,当按键闭合时,即相当于该 I/O 端口通过按键与地相连,变成低电平,程序一旦检测到 I/O 端口变为低电平则说明按键被按下,然后执行相应的指令。只需一条 if(key==0)语句就能检测到按键是否接地。

按键的连接方法如图5.4.2所示,右侧 I/O 端口与单片机的任一 I/O 端口相连。按键在被按下时,连接在单片机 I/O 端口的触点电压并不是马上变高或变低,而是如图5.4.3所进行变化。

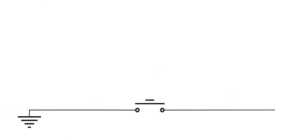

图 5.4.2　按键连接单片机示意图

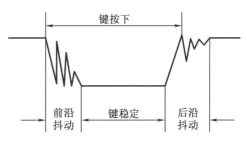

图 5.4.3　按键被按下时的电压波形变化

可以看出,实际波形在按键按下和释放的瞬间都有抖动现象,当按键按下时由于抖动而造成的高低电平的不稳定可能会造成程序的跑偏,因此单片机在检测键盘是否按下时都要加上去抖操作。目前,有专用的去抖电路和去抖芯片,但我们通常用软件延时的方法地解决抖动问题,而没有必要利用硬件去实现按键消抖。软件消抖语句如下:

```
if(key==1)
  {
    delay(10);
    if(key==1)
    {
      ******
      while(!key);
    }
  }
```

可以这样理解:首先判断按键是否被按下,延时一小段时间,再次检测,如果按键真的被按下,执行＊＊＊＊＊＊语句。while(!key)非常关键,这是松手检测语句,当没有松手时 key 的值是 1,!0 就是真,程序不会跳出 while 语句,当松手时,key 的值是 0,!1 就是 0,程序会跳出 while 循环,继续向下运行。这样就防止了程序跑偏。

下面我们通过一个实例来讲解独立键盘的具体操作方法。

【例5.4.1】 使用开发板键盘最下面一排独立键盘(K1、K5),控制右侧继电器的吸合和断开,K1 按下后松开,继电器吸合;K5 按下后松开,继电器断开。

1.原理图(图 5.4.4)

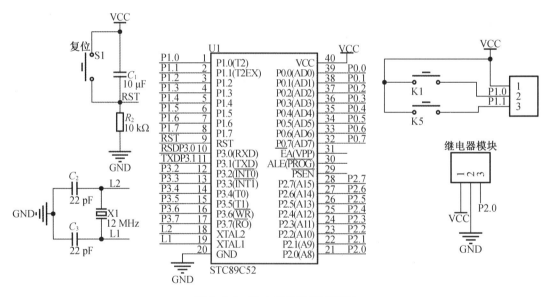

图 5.4.4 独立键盘案例原理图

2.程序

程序代码如下:

```
#include <reg52.h>          //头文件
sbit KEY1 = P1^0;           //定义按键 K1 端口
sbit KEY5 = P1^1;           //定义按键 K5 端口
sbit relay = P2^0;          //定义继电器端口
void delay(unsigned int i)
```

```
    {
      while(i--);                        //当 i 赋予一个数值的时候即可实现延时。
    }
    void main()                          //主函数
    {
    relay=1;                             //继电器初始化为断开状态
    P1=0x00;                             //按键端口初始化
    while(1)                             //循环函数
      {
        if(KEY1==1)                      //检测按键按下
        {
          delay(2);                      //按键消抖
          if(KEY1==1)                    //检测按键按下
          {
          while(!KEY1);
            relay=0;                     //继电器吸合
          }
        }
        if(KEY5==1)                      //检测按键按下
        {
          delay(2);                      //按键消抖
          if(KEY5==1)                    //检测按键按下
          {
          while(!KEY5);
            relay=1;                     //继电器断开
          }
        }
      }
    }
```

3. 程序分析

（1）程序中"delay(2)"即是去抖延时。在确认按键被按下后，程序中还有语句"while(！
KEY1)；"，它的意思是等待按键释放，若按键没有释放，则 K1 始终为 1，那么，K1 始终为 0，
程序就一直停止在这个 while 语句处，直到按键释放，K1 变成了 0，才退出这个 while 语句。
通常我们在检测单片机的按键时，要等按键确认释放后才去执行相应的代码。若不加按键
释放检测，由于单片机执行代码的速度非常快，而且是循环检测按键，所以当按下一个键
时，单片机会在程序循环中多次检测到键被按下，从而造成错误的结果。

（2）大家在写程序时，从一开始就要养成良好的书写习惯，一定要注意代码的层次感，
一级和一级之间用一个 Tab 键隔开，尽量多使用注释，这样当程序较多时回头查询起来比
较方便。将编写好的程序下载到 52 单片机里，K1 按键按下后继电器吸合，同时绿色状态
灯亮起，即可看到如图 5.4.5 所示现象；K5 按键按下后继电器断开，绿色状态灯熄灭即可看
到如图 5.4.6 所示现象。

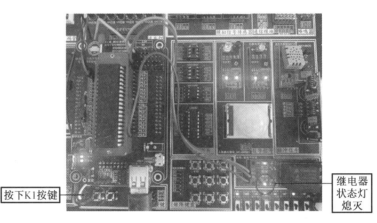

图 5.4.5　按下 **K1** 键的现象效果图

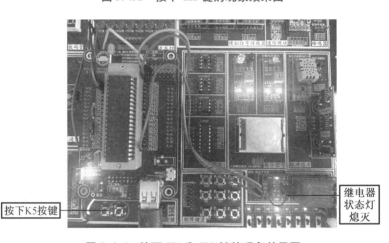

图 5.4.6　按下 **K1** 和 **K5** 键的现象效果图

5.4.2　矩阵键盘检测应用举例

　　单片机的 I/O 端口资源是有限的,独立键盘与单片机连接时,每一个按键都需要连接单片机的一个 I/O 端口,当独立按键较多时会占用较多的 I/O 端口资源。为了节省 I/O 端口线,我们可以使用矩阵键盘。我们以 3×3,即 9 个矩阵键盘为例讲解其工作原理和检测方法。在实际应用中我们可以通过这种思路设计不同的键盘。矩阵键盘和独立键盘的编程思想是一样的,都是检测与该键对应的 I/O 端口是否为低电平。独立键盘有一端固定为低电平,单片机写程序检测时比较方便。而矩阵键盘两端都与单片机 I/O 端口相连,因此在检测时需人为通过单片机 I/O 端口送出低电平。检测时,先送一行为低电平,其余几行全为高电平,然后立即轮流检测一次各列是否有低电平,若检测到某一列为低电平,则我们便可确认当前被按下的键是哪一行、哪一列的,在程序中可以任意定义相应按键的功能。

　　实验开发板上 9 个矩阵按键与单片机连接图如图 5.4.7 所示。

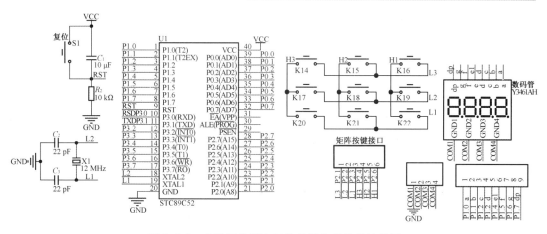

图 5.4.7 实验开发板上矩阵按键与单片机连接图

从图 5.4.7 可看到,矩阵键盘的 3 行分别与单片机的 P2.1、P2.2、P2.3 相连,矩阵键盘的 3 列分别与单片机的 P2.4、P2.5、P2.6 相连。

下面我们通过一个实例来讲解独立键盘的具体操作方法。

【例 5.4.2】 利用矩阵键盘来控制对数码管的显示,9 个按键分别代表 1,2,…,9,实验开发板板上电时,数码管不显示,顺序按下对应的按键,数码管显示对应的数字 1,2,…,9。静态显示即可。

1. 程序代码

```c
#include <reg51.h>
#include <intrins.h>                       //#include<absacc.h>
#define uchar unsigned char
#define uint unsigned int                   //1010 1010
uchar LED[9]={0x06,0x5b,0x4f,0x66,0x6d,0x7d,0x07,0x7f,0x6f};
                                            //共阴极数码管段码
void delay(uint ms)
{uint j;
for(j=0;j<ms;j++);
}
uchar checkkey( )                           //检测键盘按键状态
{uchar i ;
uchar j ;
j=0x0e;                                     //0000 1110   842
P2=j;                                       //行线送高电平,列线送低电平
i=P2;                                       //读行线状态
i=i&0x0e;                                   //屏蔽列线
if  (i==0x0e) return (0);                   //无键按下返回 0
  else return (0xff);                       //有键按下返回 0xff
  }
uchar keyscan()                            //键盘扫描
```

```
{
uchar key;
uchar value;
uchar scanf;
uchar m=0;
uchar chec;
uchar i,j;
if (checkkey( )==0) return (0xff);
    else
    {
    delay(100);                                  //消除按键抖动
    if (checkkey( )==0) return (0xff);           //无键按下返回 0xff
else
{
  key=0xf7;m=0x00;                               //确定键号。m 为列数,行扫描
                                                 //  初值 11110111 送 key

  for (i=1;i<=3;i++)
  {
    scanf=0x10;                                  //00010000
    P2=key;
  chec=P2;
  for (j=0;j<3;j++)                              //J 为行数
  {
    if ((chec&scanf)==0)
    {
      value =m+j;                                //确定键号
    while (checkkey()! =0);
    return (value);                              //返回按键号
    }
    else  scanf=scanf<<1;                        //
  }
  m=m+3;                                         //按下的键不在该行
    key=~key;                                    //扫描下一行
  key=key>>1;
    key=~key;
    }
  }
  }
}
void main()
{
  uchar  i;
```

```
P1 = 0x00;
while(1)
{
  if (checkkey()= =0x00) continue;
else
{
  i = keyscan( );
P1 = LED[i];
delay(60000);
  P1 = 0x00;
  }
}
}
```

2. 程序分析

本程序主要通过主函数调用子函数。进入主函数后,要关闭所有数码管的段选,也就是不让数码管显示任何数字,当让数码管显示内容时只需要送段选数据即可,接着进入while( )大循环不停地扫描键盘是否有被按下。此时数码管显示属于静态显示。键盘是我们输入设备最基本的器件,我们还可以学到利用键盘来编写密码锁的程序,希望大家对这节知识学得扎实。

3. 实物

按下相应矩阵按键的现象效果图如图 5.4.8 所示。

图 5.4.8　按下相应矩阵按键的现象效果图

习题与思考题

1. 数码管引脚图所示,画出共阴极和共阳极数码管的等效图。

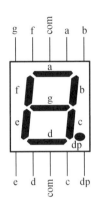

2. 何谓 LED 数码管静态显示? 何谓 LED 数码管动态显示? 两种显示方式各有何优缺点?

3. 下图为共阴极数码管显示电路图,请编写程序,让第二个数码管循环显示 0~F。

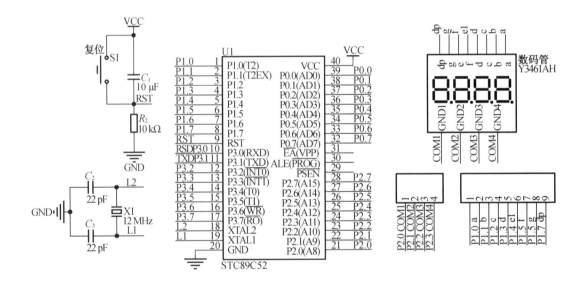

4. 在使用键盘功能时需要去抖,如何使用软件法去抖,请编写主要程序说明。

5. 根据如下原理图编写程序,实现 OLED 屏幕显示(第 1 行显示"电子工程学院",第 2 行显示"学号",第 3 行显示"姓名",第 4 行显示当前矩阵按键的键值 1,2,…,9)并且每次按下按键都会有蜂鸣器响一声作为按键按下的提示音。9 个矩阵按键代表 1,2,…,9,当按下 1 时继电器吸合;按下 2 继电器断开;按下 3 时 D1 灯亮起;按下 4 时 D1 灯熄灭;按下 5 时

D2 灯亮起;按下 6 时 D2 灯熄灭;按下 7 时 D9、D10 亮起;按下 8 时 D9、D10 熄灭;按下 9 时继电器断开,D1、D2、D9、D10 全部熄灭。

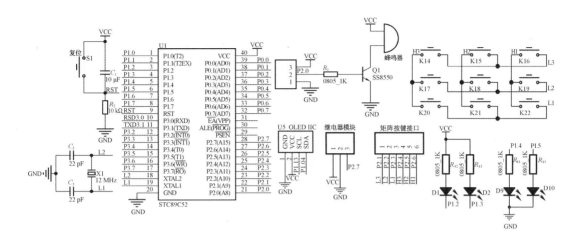

第6章 51单片机中断系统

学习意义

中断系统在计算机应用系统中起着十分重要的作用,良好的中断系统能提高计算机对外界异步事件的处理能力和响应速度,从而扩大计算机的应用范围。AT89C51单片机是一个多中断源的单片机,其片内的中断系统主要用于实时控制,使单片机能及时响应和处理单片机外设或其内部所提出的中断要求。本章介绍MCS-51单片机的中断系统。

学习目标

- 了解中断系统的概念和功能;
- 掌握中断系统的结构和控制方式;
- 掌握中断允许寄存器IE;
- 掌握中断优先级控制寄存器IP;
- 掌握中断响应、处理和返回;
- 掌握中断入口地址。

学习指导

仔细阅读所提供的知识内容,结合所查阅的相关资料,咨询指导教师,完成相应的学习目标。确保在完成本章学习后你能完成中断系统的应用编程。

学习准备

本章学习重点是要理解,而不是简单地记忆,复习、回忆你所学过的单片机指令,熟练掌握程序的编写方法。

学习案例

利用单片机完成交通信号灯控制器的设计,该交通信号灯控制器由一条主干道和一条支干道汇合成而十字路口,在每个入口处设置红、绿、黄三色信号灯,红灯亮禁止通行,绿灯亮允许通行,黄灯亮则表示行驶中的车辆预留时间停在禁行线外。用红、绿、黄发光二极管作信号灯。加入了两个按键分别是K1和K2,当K1按下时进入紧急状态,K2按下时恢复正常模式。设东西向为主干道,南北为支干道。模拟效果图及实验资料二维码如图6.0.1和图6.0.2所示。

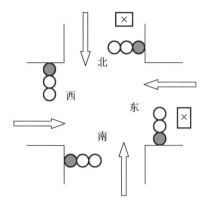

图 6.0.1　模拟效果图　　　　图 6.0.2　实验资料二维码图

6.1　中断系统概述

6.1.1　基本概念

中断是指单片机的 CPU 在执行程序过程中,外部有一些事件变化,如数据采集结束、电平变化、定时器/计数器溢出等,要求 CPU 立即处理,这时 CPU 暂时停止当前的执行程序,转去处理中断请求,处理后,再回到原来所执行程序的地址继续执行原来的程序,这个过程称为中断。中断处理过程如图 6.1.1 所示。中断在生活中随时发生,例如你在看书时,电话铃响了,你在书上做记号,走到电话旁拿起电话和对方通话,通话结束后从做记号的地方起继续读书。

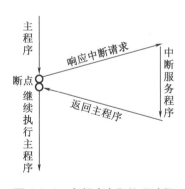

图 6.1.1　中断响应和处理过程

发出中断请求信号的设备称为中断源。中断源是引起中断的原因,不同的机器中断源也有所不同,一般中断源包括外部设备、键盘、打印机、内部定时器、故障源以及根据某种需要人为设置的中断源。要求中断处理发出的标志信号称为中断请求。中断后转向执行的程序叫作中断服务或中断处理程序。原来的程序称为主程序,主程序被断开的地址称为断点。实现中断功能的硬件系统和软件系统统称为中断系统。

当 CPU 正在处理一个中断请求的时候,外部又发生了一个优先级比它高的中断事件,请求 CPU 及时处理。于是，CPU 暂时中断当前的中断服务工作，转而处理所发生的事件。处理完毕，再回到原来被中断的地方，继续原来的中断处理工作，这样的过程，称为中断嵌套，这样的中断系统称为多级中断系统，多级中断响应和处理过程如图 6.1.2 所示。

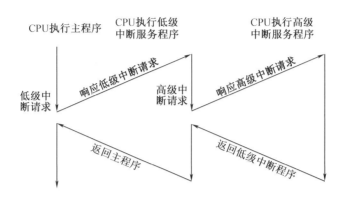

图 6.1.2　多级中断响应和处理过程

中断系统是计算机的重要组成部分，中断的使用消除了 CPU 在查询方式中的等待现象，大大提高了 CPU 的工作效率，改善了计算机的性能，具体表现在以下几个方面：

首先有效地解决了快速 CPU 与慢速外设之间的通信矛盾，使 CPU 与多个外设并行工作，大大提高了工作效率；

其次，在实时控制系统中，外设对 CPU 的服务请求是随机的。中断系统可以及时处理控制系统中许多随机产生的数据与信息，使系统具备实时处理的能力，提高了控制系统的性能。

再次，系统工作时会出现一些如电源断电之类的突发故障，中断系统可以使故障发生时自动运行处理程序，系统具备了处理故障的能力，提高了系统自身的可靠性。

6.1.2　51 系列单片机中断源

所谓中断源就是引起中断的原因或发出中断请求的中断来源，中断源向 CPU 提出的处理请求，称为中断请求或中断申请。MCS-51 中断系统结构如图 6.1.3 所示，中断系统包括 5 个中断请求源，4 个用于中断控制和管理的可编程和位寻址的特殊功能寄存器，即中断请求标志寄存器 TCON、SCON，中断允许控制寄存器 IE 和中断优先级控制寄存器 IP。MCS-51 中断系统提供两个中断优先级，可实现二级中断嵌套，并且每一个中断源可编程为开放或屏蔽。

51 子系列中有 5 个中断源(52 子系列为 6 个)它们分别是：

$\overline{\text{INT0}}$——外部中断 0 请求，低电平或脉冲下降沿有效，由 P3.2 引脚输入。

$\overline{\text{INT1}}$——外部中断 1 请求，低电平或脉冲下降沿有效，由 P3.3 引脚输入。

T0——定时器/计数器 0 溢出中断请求。外部计数脉冲由 P3.4 引脚输入。

T1——定时器/计数器 1 溢出中断请求。外部计数脉冲由 P3.5 引脚输入。

TX/RX——串行中断请求。当串行口完成一帧发送或接受时，请求中断。

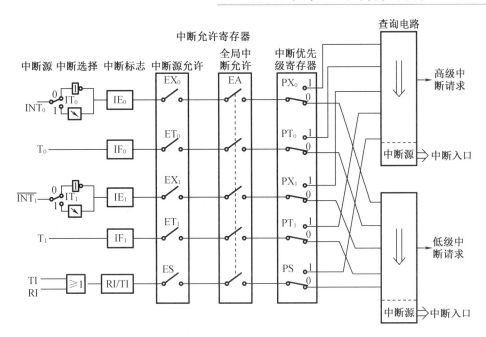

图 6.1.3　中断系统结构

可以将 AT89C51 单片机的 5 个中断源分为 3 类,即外部中断、定时器/计数器中断、串行口中断。

外部中断源,通过 P3.2 和 P3.3 引脚输入。外部中断请求有两种信号方式:电平方式和脉冲方式。电平方式的中断请求是低电平有效,脉冲方式的中断请求是下降沿有效。

定时器/计数器中断是为了满足定时和计数溢出处理而设置的,是以计数产生溢出时的信号作为中断请求,定时器 T0 和 T1 中断请求标志为 TF0 和 TF1。当定时器 T0 和 T1 溢出时,置 TF0 和 TF1 为 1,向 CPU 发出中断请求,直到 CPU 响应该中断时才由硬件清零,这种溢出中断是在单片机芯片内部发生的,但在计数方式时,计数脉冲是由外部引脚输入。

RI 和 TI 串行口中断。串行口的接收中断 RI 和发送中断 TI 逻辑或以后作为内部的一个中断源。当完成一串行帧的发送和接收时,由内部的硬件自动置位,串行口中断控制寄存器 SCON 中的串行中断请求标志 TI(发送)或 RI(接收)产生中断请求。但要注意 RI、TI 必须由用户软件清零复位。

6.1.3　51 系列单片机中断请求标志寄存器

由图 6.1.3 可以看到,每一个中断源都对应有一个中断请求标志位来反映中断请求状态,这些标志位分布在特殊功能寄存器 TCON 和 SCON 中。

1. 定时器/计数器控制寄存器 TCON

TCON 为定时器/计数器的控制寄存器,它同时也锁存 T0、T1 溢出中断源标志、外部中断请求标志,与这些中断请求源相关的位含义如表 6.1.1 所示。

表 6.1.1　TCON 寄存器的中断请求标志位

位符号	D7	D6	D5	D4	D3	D2	D1	D0
位地址	TF1	TR1	TF0	TR0	IE1	IT1	IE0	IT0

● IT0(TCON.0):选择外部中断请求 0 为边沿触发或电平触发方式的控制位。IT0＝0,为电平触发方式,$\overline{INT0}$ 引脚也就是 P3.2 口接低电平时向 CPU 申请中断;IT0＝1,为边沿触发方式,$\overline{INT0}$ 输入脚高到低负跳变时向 CPU 申请中断。IT0 可由软件置"1"或清"0"。

● IE0(TCON.1):外部中断 0 的中断申请标志。当 IT0＝0,即电平触发方式时,每个机器周期的 S5P2 采样 INT0 引脚,若 $\overline{INT0}$ 为低电平,则 IE0 置"1",否则置"0"。当 IT0＝1,即 $\overline{INT0}$ 为边沿触发方式时,CPU 在每个机器周期 S5P2 期间采样外部中断请求引脚的输入电平。如果在相继的两个机器周期采样过程中,一个机器周期采样到外部中断请求为高电平,接着下一个机器周期采样到外部中断请求为低电平,则 IE0 置"1"。IE0 为 1 表示外部中断 0 正在向 CPU 申请中断。当 CPU 响应该中断,转向中断服务程序时,由硬件清"0"IE0。

● IT1(TCON.2):选择外部中断请求 1(INT1)为边沿触发方式或电平触发方式的控制位,其作用和 IT0 类似。

● IE1(TCON.3):外部中断 1 的中断申请标志,其意义和 IE0 相同。

● TF0(TCON.5):MCS-51 片内定时器/计数器 0 溢出中断申请标志。当启动 T0 计数后,定时器/计数器 0 从初始值开始 1 计数,当最高位产生溢出时,由硬件使 TF0 置"1",向 CPU 申请中断,CPU 响应 TF0 中断时,当进入中断服务程序后,TF0 会自动清"0"。

● TF1(TCON.7):MCS-51 片内定时器/计数器 1 溢出中断申请标志,功能和 TF0 类似。当 MCS-51 系统复位后,TCON 各位被清 0。

2. 串行口控制寄存器 SCON

SCON 为串行口控制寄存器,SCON 的低二位,锁存串行口的接收中断和发送中断标志,其格式如表 6.1.2 所示。

表 6.1.2　SCON 寄存器的中断请求标志位

位序号	D7	D6	D5	D4	D3	D2	D1	D0
位符号	SM0	SM1	SM2	REN	TB8	RD8	TI	RI

TI(SCON.1):串行口的发送中断标志,当串行发送数据结束时,发送停止位的开始时,由内部硬件自动使 TI 置"1",向 CPU 申请中断,向串行口的数据缓冲器 SBUF 写入一个数据后,就立即启动发送器继续发送。值得注意的是,CPU 响应发生器中断请求,转向执行中断服务程序时,并不清"0",TI 必须由用户的中断服务程序清"0",以便下次能够继续发送。

RI(SCON.0):串行口接收中断标志,当串行接收数据结束,接收到停止位的中间时,由内部硬件自动使 RI 置"1",向 CPU 申请中断,同样 RI 必须由用户的中断服务程序清"0",以便下次能够继续接收。

6.1.4　中断允许与中断优先级的控制

实现中断允许控制和中断优先级控制分别由特殊功能寄存器中的中断允许寄存器 IE 和中断优先级寄存器 IP 来实现的。下面介绍这两个特殊功能寄存器。

1. 中断允许寄存器 IE

MCS-51 单片机对中断的开放或屏蔽,是由片内的中断允许寄存器 IE 控制的。IE 寄存器格式如表 6.1.3 所示。

表 6.1.3　IE 寄存器格式

位序号	D7	D6	D5	D4	D3	D2	D1	D0
位符号	EA	—	ET2	ES	ET1	EX1	ET0	EX0
位地址	AFH	—	ADH	ACH	ABH	AAH	A9H	A8H

IE 寄存器各位功能如下。

(1) EA(IE.7):CPU 的中断开放/禁止总控制位。EA = 0 时禁止所有中断;EA = 1 时,开放中断,但每个中断还受各自的控制位控制。

(2) ES(IE.4):允许或禁止串行口中断。ES = 0 时,禁止中断;ES = 1 时,允许中断。

(3) ET1(IE.3):允许或禁止定时器/计数器 1 溢出中断。ET1 = 0 时,禁止中断;EX1 = 1 时,允许中断。

(4) EX1(IE.2):允许或禁止外部中断 1($\overline{INT1}$)中断。EX1 = 0 时,禁止中断;EX1 = 1 时,允许中断。

(5) ET0(IE.1):允许或禁止定时器/计数器 0 溢出中断。ET0 = 0 时,禁止中断,ET0 = 1 时允许中断。

(6) EX0(IE.0):允许或禁止外部中断 0($\overline{INT0}$)中断。EX0 = 0 时,禁止中断;EX0 = 1 时,允许中断。

2. 中断优先级寄存器 IP

MCS-51 单片机设有两级优先级,高优先级中断和低优先级中断。如果 CPU 正在处理的是低级的中断请求,那么高级的中断请求可以使 CPU 暂停处理低级中断请求的中断服务程序,转而处理高级中断请求的中断服务程序,待处理完高级中断请求的中断服务程序后,再返回原低级中断请求的中断服务程序,这种情况称为中断嵌套。具有中断嵌套的系统称为多级中断系统,没有中断嵌套的系统称为单级中断系统。

中断源的中断优先级分别由中断控制寄存器 IP 的各位来设定。IP 寄存器格式如表 6.1.4 所示。

— 111 —

表 6.1.4　IP 寄存器格式

位序号	D7	D6	D5	D4	D3	D2	D1	D0
位符号	—	—	—	PS	PT1	PX1	PT0	PX0
位地址	—	—	—	BCH	BBH	BAH	B9H	B8H

IP 寄存器各位功能如下。

PS(IP.4):串行口中断优先级控制位。PS=1,为高优先级中断;PS=0,为低优先级中断。

PT1(IP.3):定时器/计数器 T1 中断优先级控制位。PT1=1,高优先级中断;PT1=0,低优先级中断。

PX1(IP.2):外部中断 1 中断优先级控制位。PX1=1,高优先级中断;PX1=0,低优先级中断。

PT0(IP.1):定时器/计数器 T0 中断优先级控制位。PT0=1,高优先级中断;PT1=0,低优先级中断。

PX0(IP.0):外部中断 0 中断优先级控制位。PX0=1,高优先级中断;PX0=0,低优先级中断。

中断申请源的中断优先级的高低,由中断优先级控制寄存器 IP 的各位控制,IP 的各位由用户用指令来设定。复位操作后,IP=××000000B,即各中断源均设为低优先级中断。

若 CPU 正在对某一个中断服务,则级别低的或同级中断申请不能打断正在进行的服务,而级别高的中断申请则能中止正在进行的服务,使 CPU 转去为更高级的中断服务,待服务处理完毕后,CPU 再返回原中断服务程序继续执行。若多个中断源同时申请中断,则级别高的优先级先服务,若同时收到几个同一级别的中断请求时,中断服务取决于系统内部辅助优先顺序。在每个优先级内,存在着一个辅助优先级,其优先顺序如表 6.1.5 所示。

表 6.1.5　中断查询顺序表

中断源	中断名称	中断矢量地址	中断级别
IE0	外部中断 0	0003H	最高级别 ↓ 最低优先级
TF0	定时器/计数器 0 溢出中断	000BH	
IE1	外部中断 1	0013H	
TF1	定时器/计数器 1 溢出中断	001BH	
RI、TI	串行口中断	0023H	
TF2	定时器/计数器 2 溢出中断	002BH	

综上所述,可对中断系统的规定概括为以下两条基本规则:

(1)低优先级中断可以被高级中断系统中断,反之不能;

(2)当多个中断源同时发出申请时,级别高的优先级先服务,先按高低优先级区分,再按辅助优先级区分。

6.2　外部中断及应用举例

由外部中断源引起的中断,即通过 P3.2 和 P3.3 引脚输入引起的中断叫作外部中断。外部中断请求有两种信号方式:电平方式和脉冲方式。电平方式的中断请求是低电平有效,脉冲方式的中断请求是下降沿有效。

举例描述:利用单片机实现 1 个 LED 灯的控制。

(1)LED 灯硬件框图如图 6.2.1 所示。

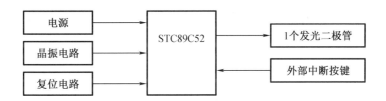

图 6.2.1　LED 灯硬件框图

(2)原理图如图 6.2.2 所示。

(3)程序流程图如图 6.2.3 所示。

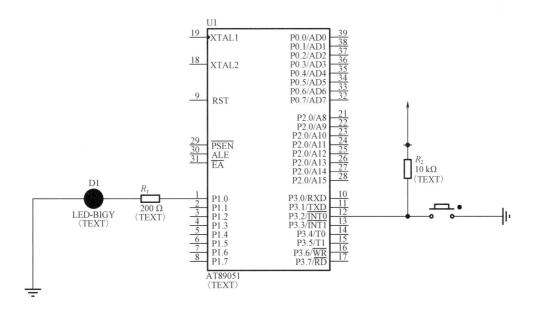

图 6.2.2　LED 灯硬件原理图

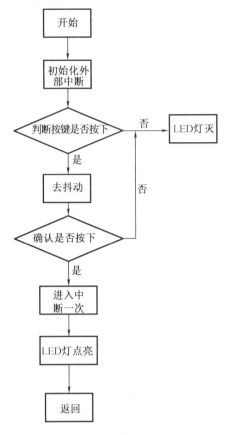

图 6.2.3　LED 灯程序流程图

（4）程序。

```c
#include <reg51.h>

sbit LED = P1^0;                          //定义 LED 就是 P1^0
sbit K1 = P3^2;
void init();
void delayms(unsigned int t)              //延时函数
{
  unsigned int a,b;
  for(a=0; a<t; a++)
  for(b=0; b<120; b++);
}
void main(void)
{
  LED = 0;                                //注意,主函数是让 LED 灭掉
  if(K1 == 0)
  {
    delayms(5);
    if(K1 == 0)                           //按键按下
```

```
        {
            init();
        }
    }
}


void init()
{
    IT0 = 1;                                    //跳变沿出发方式(下降沿)
    EX0 = 1;                                    //打开 INT0 的中断允许
    EA = 1;                                     //打开总中断
}
/*外部中断 0 函数,只有 INIT0 引脚有下降沿才会触发,并且只会执行一次 */
/*外部中断 0 */
void Int0()interrupt 0                          //外部中断 0 的中断函数
{
    LED = 1;
    delayms(1000);
}
```

(5)实物图效果图如图 6.2.4 所示。

用外部中断控制 **1** 个 **LED** 灯
点亮实验视频

图 6.2.4　用外部中断控制 LED 灯效果图

6.3　外部中断案例目标的实现

以 STC89C52 单片机为核心,使用 P1 口和 P2 口连接红、黄、绿 LED 灯,低电平点亮,P3 口当中 P3.2、P3.3 连接两个按键,开始时灯正常运行,当按下 K2 按键,会进入紧急状态,所有灯全部熄灭;当按下 K1 按键时,所有灯恢复正常。

1.原理图

交通灯原理图如图 6.3.1 所示。

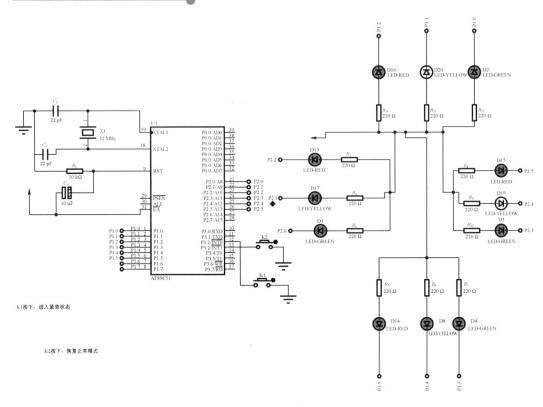

图 6.3.1　外部中断案例原理图

2. 程序

```
#include <reg51.h>
#define uint unsigned int
#define uchar unsigned char
sbit bg = P1^0;                                    //北向绿灯
sbit by = P1^1;                                    //北向黄灯
sbit br = P1^2;                                    //北向红灯
sbit ng = P1^3;                                    //南向绿灯
sbit ny = P1^4;                                    //南向黄灯
sbit nr = P1^5;                                    //南向红灯
sbit xg = P2^0;                                    //西向绿灯
sbit xy = P2^1;                                    //西向绿灯
sbit xr = P2^2;                                    //西向绿灯
sbit dg = P2^3;                                    //东向绿灯
sbit dy = P2^4;                                    //东向绿灯
sbit dr = P2^5;                                    //东向绿灯
sbit K1 = P3^2;                                    //紧急按键
sbit K2 = P3^3;                                    //紧急按键
void init();
void anjian();
```

```
                                                  // * * * 延时函数 * * * //
void delay(uchar m)
{
  uint i,j;
  for(i=0;i<5000;i++)
  for(j=0;j<m;j++);
}

                                                  // * * * 主函数 * * * //
void led()
  {
  bg=0;
  ng=0;
    dr=0;
    xr=0;
  ny=1;
  by=1;
  dy=1;
  xy=1;
  br=1;
    nr=1;
    dg=1;
    xg=1;
  delay(200);                                     //南北绿灯亮,东西红灯亮
    bg=1;
  ng=1;
    dr=1;
    xr=1;
  ny=0;
  by=0;
  dy=0;
  xy=0;
  br=1;
    nr=1;
    dg=1;
    xg=1;
  delay(30);                                      //东南西北黄灯亮
  bg=1;
  ng=1;
    dr=1;
    xr=1;
  ny=1;
  by=1;
```

```
        dy = 1;
        xy = 1;
        br = 0;
          nr = 0;
          dg = 0;
          xg = 0;
        delay(200);                              //东西绿灯亮,南北红灯亮
          bg = 1;
        ng = 1;
          dr = 1;
          xr = 1;
        ny = 0;
        by = 0;
        dy = 0;
        xy = 0;
        br = 1;
          nr = 1;
          dg = 1;
          xg = 1;
        delay(30);                               //东南西北黄灯亮

                                                 // * * * 主函数 * * * //
void main( )
{
init();
  while(1)
    {
      led( );
    }
}
                                                 // * * * 中断初始化 * * * //
void init( )
{
  EA = 1;                                        //开启总中断
  EX0 = 1;                                       //开启 0 号外部中断
  IT0 = 1;                                       //设置外部中断 0 触发方式
  EX1 = 1;                                       //开启 1 号外部中断
  IT1 = 1;                                       //设置外部中断 1 触发方式
}
                                                 // * * * 按键中断函数 * * * //
void anjian( ) interrupt 0
{
```

```
if(K1 == 0)
{
  delay(5);
  if(K1 == 0)                                          //按键1按下
{
  bg=1;
  by=1;
  br=1;
  dg=1;
  dy=1;
  dr=1;
  ng=1;
  ny=1;
  nr=1;
  xg=1;
  xy=1;
  xr=1;
}
}
if(K2 == 0)
{
  delay(5);
  if(K2 == 0)
  led();
}
}
```

3. 实物

外部中断案例目标效果图如图 6.3.2 所示。

图 6.3.2　外部中断案例目标效果图

**51 交通灯外部中断
案例操作视频**

习题与思考题

1. 什么是中断和中断系统,其主要功能是什么?

2. AT89C51 共有哪些中断源,对其中端请求如何进行控制?

3. 什么是中断优先级,中断优先处理的原则是什么?

4. AT89C51 单片机外部中断 0 和 1 分别对应哪个引脚,有几种触发方式?

5. 如何书写外部中断 1 中断服务程序?

第7章　51单片机的定时器/计数器

学习意义

单片机的定时器是系统内部一个重要的硬件资源,是单片机进行时间测量的重要工具。完成本章的学习后,你可以了解定时器的结构及工作方式,掌握使用单片机进行有关时间方面的应用。

学习目标

- 了解单片机定时器的结构与原理;
- 掌握单片机定时器的定时方式;
- 掌握单片机定时方式控制寄存器 TMOD;
- 掌握单片机定时器控制寄存器 TCON;
- 掌握定时器的四种工作方式的特点及应用;
- 掌握单片机定时器应用及编程。

学习指导

仔细阅读并理解所提供的知识内容,查阅相关资料,咨询指导教师,完成相应的学习目标。确保在完成本章学习后你能完成定时器的应用编程。

学习准备

复习、回忆你所学过的中断系统相关知识,查阅相关资料,熟练掌握单片机程序的编写方法。

学习案例

定时可以分为软件定时、不可编程硬件定时、可编程定时等。软件定时是利用执行一个循环程序进行时间延迟,其特点是定时时间精确,不需外加硬件电路,因此软件定时的时间不宜过长。不可编程硬件定时是利用硬件电路实现定时的,其特点是不占用 CPU 时间,通过改变电路元器件参数来调节定时,但使用不够灵活方便,对于时间较长的定时,常用硬件电路来实现。可编程定时是通过专用的定时器/计数器芯片实现定时的,其特点是通过对系统时钟脉冲进行计数实现定时,定时时间可通过程序设定的方法改变,使用灵活方便,也可实现对外部脉冲的计数功能。

案例 1 目标:利用单片机定时器/计数器控制 8 位共阳极 LED 灯实现循环点亮。

案例 2 目标:通过 OLED 显示时间、年、月、日,以及相关信息,还可以根据喜好添加不同的图片,可以自行设置时间,控制屏幕的亮灭从而减少电量的损耗,设计中一共使用了六个端口,OLED 显示屏占用两个端口,控制加减的按键使用了两个,控制屏幕的亮灭使用了一个。实物效果图及本章涉及的实验资料二维码如图 7.0.1 和图 7.0.2 所示。

图 7.0.1　实物效果图

图 7.0.2　实验资料二维码

7.1　定时器的简介

　　单片机中的定时器和计数器其实是同一个物理的电子元件,只不过计数器记录的是单片机外部发生的事情(接受的是外部脉冲),而定时器则是由单片机自身提供的一个非常稳定的计数器,这个稳定的计数器就是单片机上连接的晶振部件。MCS-51 单片机的晶振经过 12 分频之后提供给单片机的只有 1 MHz 的稳定脉冲。晶振的频率是非常准确的,所以单片机的计数脉冲之间的时间间隔也是非常准确的,这个准确的时间间隔是 1 μm。

7.1.1　定时器的结构

　　MCS-51 单片机内部有两个 16 位可编程的定时器/计数器,简称为 T0 和 T1,均可作定时器用也可作计数器用。它们均是二进制加法计数器,当计数器计满回零时能自动产生溢出中断请求,表示定时时间已到或计数已终止。其适用于定时控制、延时、外部计数和检测等。

　　(1)定时功能的计数输入信号是内部时钟脉冲,每个机器周期使寄存器的值加 1。所以,计数频率是振荡频率的 1/12。单片机的定时功能是对周期性的定时脉冲进行计数。工作过程是预先装入一个计数初值,每经过一个定时周期单片机计数器加 1,计满时计数器归零,同时自动产生溢出中断请求。所以定时时间 t、计数器的模 M、计数器初值 x 和计数脉冲的周期 T 的计算公式为

$$t = (M - x) T \tag{7.1.1}$$

　　MCS-51 单片机的定时脉冲频率为系统晶振频率(f_{osc})的 12 分频,定时周期是一个机器周期。周期的计算公式为

$$\frac{1}{T} = \frac{f_{osc}}{12}, \text{即 } T = \frac{12}{f_{osc}} \tag{7.1.2}$$

　　(2)计数功能计数脉冲来自相应的外部输入引脚,T0 为 P3.4,T1 为 P3.5,计数脉冲是

负跳变有效,供计数器进行加法计数。

单片机的计数功能是对外部事件进行计数。工作过程是预先装入一个计数初值,每来一个外部脉冲输入计数器加1,计数满时计数器归零,产生溢出中断请求。计数值N、当前值N_c和计数器初值x的计算关系为

$$N = N_c - x \tag{7.1.3}$$

定时器/计数器的实质是加1计数器(16位),由高8位和低8位两个寄存器组成。TMOD是定时器/计数器的工作方式寄存器,确定工作方式和功能;TCON是控制寄存器,控制T0、T1的启动和停止及设置溢出标志。

T0:TL0(低8位)和TH0(高8位)。

T1:TL1(低8位)和TH1(高8位)。

定时器方式0的内部逻辑结构图如图7.1.1所示,定时器/计数器的核心部件是二进制加1计数器(TH0、TL0或TH1、TL1)。特殊功能寄存器TMOD用于选择T0、T1的工作模式和工作方式。特殊功能寄存器TCON用于控制T0、T1的启动和停止计数,同时包含了T0、T1的状态。T0、T1不论是工作在定时器模式还是计数器模式,实质都是对脉冲信号进行计数,输入的计数脉冲有两个来源,一个是由系统的时钟振荡器输出脉冲经12分频后送来的脉冲源,即定时;另一个是T0或T1引脚输入的外部脉冲源,即计数。每来一个脉冲计数器加1,当加到计数器为全1时,再输入一个脉冲就使计数器回零,且计数器的溢出使TCON中TF0或TF1置1,向CPU发出中断请求(定时器/计数器中断允许时)。如果定时器/计数器工作于定时模式,则表示定时时间已到;如果工作于计数模式,则表示计数值已满。可见,由溢出时计数器的值减去计数初值才是加1计数器的计数值N。设置为定时器模式时,加1计数器是对内部机器周期计数,计数值N乘以机器周期T_{cy}就是定时时间t。设置为计数器模式时,外部事件计数脉冲由T0或T1引脚输入到计数器。

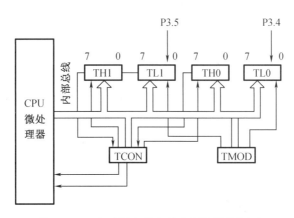

图7.1.1　定时器方式0的内部逻辑结构图

7.1.2　定时器/计数器控制寄存器

MCS-51单片机的可编程定时器/计数器,除了具有计数寄存器THx和TLx以外,还有两个寄存器TMOD和TCON,用来控制其工作模式或者反映其工作状态。TMOD选择定时器/计数器T0、T1的工作模式和工作方式。TCON用于控制T0、T1的启动和停止计数以及

进行中断申请,同时锁存 T0、T1 的状态。用户可用软件对 TMOD 和 TCON 进行写入和更改。

1.定时器方式控制寄存器 TMOD

TMOD 用于控制定时器/计数器的工作模式及工作方式,其字节地址为 89H,格式如图 7.1.2 所示。其中,低 4 位用于决定 T0 的工作方式,高 4 位用于决定 T1 的工作方式,且 M1,M0 用来确定所选工作方式。

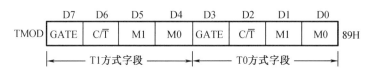

图 7.1.2　定时器方式控制寄存器 TMOD

(1)GATE——门控位。

GATE = 0,以 TRx(x = 0,1)来启动定时器/计数器运行。

GATE = 1,用外部中断引脚(/INT0 或/INT1)上的高电平和 TRx 来启动定时器/计数器运行。

(2)C/$\overline{\text{T}}$——计数器模式和定时器模式选择位。在 TMOD 中,各有一个控制位(C/$\overline{\text{T}}$),分别用于控制定时/计数器 T0 和 T1 是工作在定时器方式还是计数器方式。定时器工作方式示意图如图 7.1.3 所示。

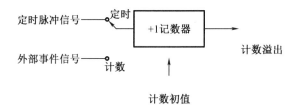

图 7.1.3　定时器工作方式示意图

C/$\overline{\text{T}}$ = 1,计数工作方式。计数脉冲从外部引脚引入。T0-P3.4; T1-P3.5。C/$\overline{\text{T}}$ = 0,定时工作方式。计数脉冲为内部脉冲。脉冲周期 = 机器周期。

(3)M1、M0——工作方式选择位。表 7.1.1 为定时器/计数器的 4 种工作方式,给出了 TCON 有关控制位功能。

表 7.1.1　定时器/计数器的 4 种工作方式

M1 M0	工作方式	功能	最大计数值
00	方式 0	13 位定时器/计数器,由 THx(x = 0,1)的 8 位和 TLx 的低 5 位构成	$M = 2^{13} = 8\ 192$
01	方式 1	16 位定时器/计数器,由 THx 和 TLx 构成	$M = 2^{16} = 65\ 536$

表 7.1.2(续)

M1 M0	工作方式	功能	最大计数值
10	方式 2	可自动重装初值的 8 位计数器,TLx 作计数器,THx 保存计数初值,一旦计数器计满溢出,初值自动装入,继续计数重复不止	$M = 2^8 = 256$
11	方式 3	仅适用于 T0,分为两个 8 位计数器,T1 停止计数	$M = 2^8 = 256$

2. 定时器控制寄存器 TCON

设定好了定时器/计数器的工作方式后,它还不能进入工作状态,必须通过设置控制寄存器 TCON 中的某些位来启动它。要使定时器/计数器停止运行,也必须通过设置 TCON 中的某些位来实现。当定时器/计数器计满溢出,或有外部中断请求时,TCON 能标明溢出和中断情况。定时器控制寄存器 TCON 地址 88H,可以位寻址,TCON 主要用于控制定时器的操作及中断控制。TCON 控制器描述见表 7.1.2,有关控制位功能描述见表 7.1.3。

表 7.1.2　TCON 控制器描述

位地址	8F	8E	8D	8C	8B	8A	89	88
位符号	TF1	TR1	TF0	TR0	IE1	IT1	IE0	IT0

表 7.1.3　TCON 有关控制位功能

符号	功能说明
TF1	计数/计时 1 溢出标志位。计数/计时 1 溢出(计满)时,该位置 1。在中断方式时,此位作中断标志位,在转向中断服务程序时由硬件自动清 0。在查询方式时,也可以由程序查询和清"0"
TR1	定时器/计数器 1 运行控制位。TR1=0,停止定时器/计数器 1 工作。TR1=1,启动定时/计数器 1 工作。该位由软件置位和复位
TF0	计数/计时 0 溢出标志位。计数/计时 0 溢出(计满)时,该位置 1。在中断方式时,此位作中断标志位,在转向中断服务程序时由硬件自动清 0。在查询方式时,也可以由程序查询和清"0"
TR0	定时器/计数器 0 运行控制位。TR0=0,停止定时器/计数器 0 工作。TR0=1,启动定时器/计数器 0 工作。该位由软件置位和复位

系统复位时,TMOD 和 TCON 寄存器的每一位都清零。计满溢出时,单片机内部硬件对 TF0(TF1)置"1"。查询方式:作为定时器状态位以供查询。查询有效后以软件及时将该位清"0"。中断方式:作为中断标志位。在响应中断转向中断服务程序后,由硬件自动对 TF 清"0"。

7.2　51 单片机的定时器/计数器 T0 和 T1 的控制

7.2.1　定时器/计数器对输入信号的要求

当定时器/计数器为定时工作方式时,计数器的加 1 信号由振荡器的 12 分频信号产生,即每过一个机器周期,计数器加 1,直至计满溢出为止。显然,定时器的定时时间与系统的振荡频率有关。因一个机器周期等于 12 个振荡周期,所以计数频率 $fcount = (1/12)fosc$。如果晶振为 12 MHz,则计数周期为 $T = 12×1/(12×1\,000\,000\,Hz) = 1\,\mu s$。当定时器/计数器工作在计数器模式时,计数脉冲来自外部输入引脚 T0 或 T1。当输入信号产生由 1 至 0 的跳变(即负跳变)时,计数器值增 1。用户可通过编程对专用寄存器 TMOD 中的 M1、M0 位的设置,选择四种操作方式。

7.2.2　方式 0

当 M1、M0 为 00 时,定时器/计数器被设置为工作方式 0,这时定时器/计数器的等效逻辑结构图如图 7.2.1 所示(以定时器/计数器 T1 为例,TMOD.5、TMOD.4 = 00)。方式 0 为 13 位计数,由 TL1 的低 5 位(高 3 位未用)和 TH0 的 8 位组成。TL1 的低 5 位溢出时向 TH1 进位,TH1 溢出时,置位 TCON 中的 TF1 标志,向 CPU 发出中断请求。

GATE 位状态决定定时器的运行控制取决于 TRx 一个条件,还是取决于 TRx 和 INTx * ($x = 0,1$)引脚状态这两个条件。GATE = 0 时,A 点电位恒为 1,B 点电位仅取决于 TRx 状态。TRx = 1,B 点为高电平,控制端控制电子开关闭合,允许 T1(或 T0)对脉冲计数。TRx = 0,B 点为低电平,电子开关断开,禁止 T1(或 T0)计数。GATE = 1 时,B 点电位由 INTx * ($x = 0,1$)的输入电平和 TRx 引脚状态两个条件决定。当 TRx = 1,且 INTX * = 1 时,B 点才为 1,控制端控制电子开关闭合,允许 T1(或 T0)计数。故这种情况下计数器是否计数是由 TRx 和 INTX * 两个条件来共同控制的。

当 13 位计数器溢出时,TCON 的 TF1 位就由硬件置 1,同时将计数器清"0"。

当 $C/\overline{T} = 0$ 时(定时方式),多路开关与片内振荡器的 12 分频输出相连。所以,定时器/计数器每加一个数的时间为一个机器周期,如果工作在定时工作方式。其定时时间为

$$（213-定时器初值）×机器周期 \tag{7.2.1}$$

根据式(7.2.1)可以在已知定时时间的情况下求出所要设定的定时器初值。

当 $C/\overline{T} = 1$ 时(计数方式),多路开关与 T0(P3.4)或 T1(P3.5)相连,外部计数脉冲由引脚输入,工作在计数工作方式。当检测到外部信号电平发生从 1 到 0 跳变时,计数器加 1。

设 x 为计数器初值,则外部脉冲计数值为

$$N = 2^{13} - x = 8\,192 - x \tag{7.2.2}$$

$x = 8\,191$ 时为最小计数值 1,$x = 0$ 时为最大计数值 8 192,即计数范围为 1~8 192。方式 0 内部逻辑结构图如图 7.2.1 所示。

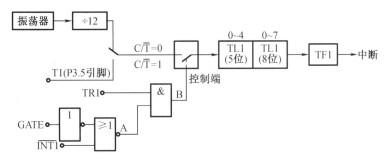

图 7.2.1　方式 0 内部逻辑结构图

7.2.3　方式 1

当 M1、M0 为 01 时,工作于方式 1,方式 1 内部逻辑结构图如图 7.2.2 所示。方式 1 和方式 0 的差别仅仅在于计数器的位数不同,方式 1 为 16 位计数器,由 TH1 高 8 位和 TL1 低 8 位构成(x=0,1),方式 0 则为 13 位计数器,有关控制状态位的含义(GATE、C/T*、 TFx、TRx)与方式 0 相同。定时器/计数器由于是 16 位,计满为 $2^{16}-1=65\ 535$,再加 1 溢出产生中断。所以,方式 1 计数范围是:$1\sim 2^{16}(65\ 536)$,定时时间计算公式为

$$(2^{16}-\text{定时器初值})\times\text{机器周期} \tag{7.2.3}$$

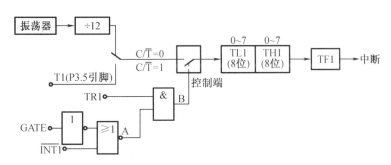

图 7.2.2　方式 1 内部逻辑结构图

在方式 0 和方式 1 中,计数计满溢出后,使其值为 0。在循环定时或计数应用中,必须反复预置计数初值,这样会对定时精度带来一定的影响。

由于定时器/计数器方式 1 常用,现对方式 1 的初值计算方法给以详细的介绍。首先大家要明确定时器一旦启动就会在原来数值的基础上不停地加 1 计数,而定时器的运行和主函数程序的运行是并列的,程序都是从主函数开始执行的,在初始化时若对定时器进行了设置并启动,程序继续走主函数,当定时时间到时,程序就会停下来走到定时中断函数中进行,然后回到主函数刚停止的位置继续执行程序。下面我们研究初值问题:假设时钟频率为 12 MHz(就是单片机最小系统 18 脚和 19 脚之间的晶振大小),那么时钟周期(振荡周期)就是(1/12 000 000)Hz,由于我们用的单片机为 12T 单片机,所以一个机器周期等于 12 个时钟周期,也就是 1 μs,无论 TH0 和 TL0 初值是多少,计满都是 $2^{16}-1=65\ 535$,再加一个数就会溢出,TH0 和 TL0 都变为 0(循环),随即向 CPU 发出中断申请。如果从 0 开始计数,那么只能加 65 536 个数溢出进入中断,也就是最多 65 536 μs 即 65.536 ms,为了定时 1 s,我们可以让基本的定时时间取 50 000 μs 即 50 ms,取 20 次即为 1 s,那么定时 50 000 μs 如何设定初值呢?TH0 和 TL0 是定时器的高 8 位和第 8 位,低 8 位都是 1 时对

应的数是 $2^8-1=255$，再加 1 就会向高 8 位进 1 位，所以存放初值时 TH0 和 TL0 总数除以 256 的整数应放在 TH0 里，用"/"表示除取整，余数应放在 TL0 里，用"%"表示除取余。要计 50 000 个数，TH0 和 TL0 应装入总的数值为 65 536 − 50 000 = 15 536，TH0 = 15 536/256 = 60，TL0 = 15 536%256 = 176。实际上经常写法为：TH0 = (65 536 − 50 000)/256，TL0 = (65 536 − 50 000)%256，其实要计多少个数溢出产生中断只需要将 50 000 改为要写的数即可。但是要注意，如果时钟频率是 11.059 2 MHz，机器周期将变为 12×(1/11 059 200) ≈ 1.09 μs，如果定时时间还是 50 ms 即 50 000 μs，那么需要计数 50 000/1.09 ≈ 45 872，也就是初值变成了 TH0 = (65 536 − 45 872)/256，TL0 = (65 536 − 45 872)%256。

7.2.4　方式 2

当 M1、M0 为 10 时，定时器/计数器处于工作方式 2。在工作方式 2 中，16 位计数器分为两部分，即以 TLx 作为 8 位计数器进行计数，以 THx 保存 8 位初值并保持不变，作为预置寄存器，初始化时把相同的计数初值分别加载至 TLx 和 THx 中，当计数溢出时，不需再像方式 0 和方式 1 那样需要由软件重新赋值，而是由硬件自动将预置寄存器 THx 的 8 位计数初值重新加载给 TLx，继续计数，不断循环。

除能自动加载计数初值之外，方式 2 的其他控制方法同方式 0 类似。

计数个数与计数初值的关系为

$$(256-定时器初值)×机器周期$$

方式 2 的逻辑结构如图 7.2.3 所示。工作方式 2 省去用户软件中重装初值的程序，精确定时。其特别适合于用作较精确的脉冲信号发生器。当定时器作串口波特率发生器时，常选用定时方式 2。

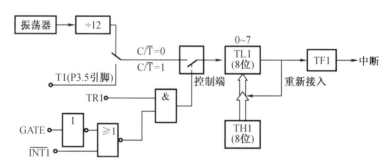

图 7.2.3　方式 2 逻辑结构图

7.2.5　方式 3

工作方式 3 为了增加一个附加的 8 位定时器/计数器而设置，从而使单片机具有 3 个定时器/计数器。该工作方式只适用于定时器 T0。当 TMOD 的低 2 位为 11 时，T0 的工作方式被选为方式 3，各引脚与 T0 的逻辑关系如图 7.2.4 所示。

当 T0 工作在方式 3 时，TH0 和 TL0 被拆成 2 个独立的 8 位计数器。这时，TL0 既可作为定时器使用，也可作为计数器使用，它占用定时器 T0 所使用的控制位，除了它的位数为 8 位外，其功能和操作与方式 0 或 1 完全相同。TH0 只能作为定时器使用，并且占据了定时器 T1 的控制位 TR1 和中断标志位 TF1，TH0 计数溢出置位 TF1，且 TH0 的启动和关闭仅受 TR1 的控制。

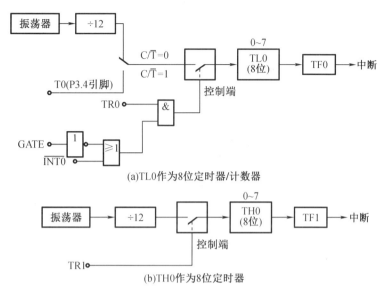

图 7.2.4　方式 3 内部逻辑结构图

定时器 T1 无工作模式 3,当将定时器 T0 设定为方式 3 时,定时器/计数器 T1 仍可设置为方式 0、1 或 2。但由于 TR1、TF1 已被定时器 TH0 占用,中断源已被定时器 T0 占用,所以当其计数器计满溢出时,不能产生中断。在这种情况下,定时计数器 1 一般用作串行口波特率发生器,其计数溢出将直接传送给串行口控制数据的传输。这种情况下,定时器/计数器 T1 只要设置好工作方式(设置好工作模式、工作初值),然后用控制位 C/T 切换其为定时或计数功能就可以使 T1 运行,若想停止它的运行,只要把它的工作方式设置为方式 3 即可,因为定时器 T1 没有方式 3,将它设置为方式 3 就可以使它的工作停止。

7.3　STC89C52 的定时器/计数器应用举例

定时器/计数器应用时,首先要合理选择定时器/计数器工作方式;其次计算定时器/计数器定时初值;最后编制应用程序,包括定时/计数器的初始化,正确编制定时器/计数器中断服务程序。下面重点介绍定时器/计数器初值设定方法和定时器/计数器初始化的主要内容。由于定时器/计数器的功能是由软件编程确定的,所以一般在使用定时器/计数器前都要对其进行初始化,使其按设定的功能工作。初始化的步骤一般如下:`

(1)通过对方式寄存器 TMOD 进行设置,确定工作方式;如为了把定时器/计数器 0 设定为方式 0, 则 M1M0=00;为实现定时功能,应使 INT0=0;为实现定时器/计数器 0 的运行控制,则 GATE=0,有关位设定为 0,因此 TMOD 寄存器应初始化为 00H。

(2)直接将初值写入 TH0、TL0 或 TH1、TL1,预置定时或计数的初值。

(3)根据需要开放定时器/计数器的中断,直接对 IE 位赋值即可。

(4)启动定时器/计数器,若已规定用软件启动,则可把 TR0 或 TR1 置"1";若已规定由外中断引脚电平启动,则需给外引脚步加启动电平。当实现了启动要求后,定时器即按规定的工作方式和初值开始计数或定时。

下面给出了确定定时器/计数器初值的具体方法。因为在不同工作方式下计数器位数不同,因而最大计数值也不同。现假设最大计数值为 M,那么各方式下的最大值 M 值如下:

方式 0:$M = 2^{13} = 8\ 192$

方式 1:$M = 2^{16} = 65\ 536$

方式 2:$M = 2^8 = 256$

方式 3:定时器 0 分成两个 8 位计数器,所以两个 M 均为 256。

因为定时器/计数器是作"加 1"计数,并在计数满溢出时产生中断,因此初值可以这样计算,即用最大计数量减去需要的计数次数。即

$$TC = M - C \tag{7.3.1}$$

式中 TC——计数器需要预置的初值;

M——计数器的模值(最大计数值),方式 0 时,$M = 2^{13}$;方式 1 时,$M = 2^{16}$;方式 2,3 时,$M = 2^8$;

C——计数器计满回 0 所需的计数值,即设计任务要求的计数值。

例如,流水线上一个包装是 12 盒,要求每到 12 盒就产生一个动作,用单片机的工作方式 0 来控制,则应当预置的初值为:

定时时间的计算公式为

$$TC = M - C = 2^{13} - 12 = 8\ 180 \tag{7.3.2}$$

$$T = (M - TC) \times T0 (\text{或 } TC = M - T/T0) \tag{7.3.3}$$

式中 T——定时器的定时时间,即设计任务要求的定时时间;

$T0$——机器周期,计数器计数脉冲的周期,即单片机系统主频周期的 12 倍;

M——计数器的模值;

TC——定时器需要预置的初值。

若设初值 $TC = 0$,则定时器定时时间为最大。若设单片机系统主频为 12 MHz,则各种工作方式定时器的最大定时时间为:

工作方式 0:$T_{max} = 2^{13} \times 1\ ms = 8.192\ ms$

工作方式 1:$T_{max} = 2^{16} \times 1\ ms = 65.536\ ms$

工作方式 2 和 3:$T_{max} = 2^8 \times 1\ ms = 0.256\ ms$

7.4 定时器/计数器案例目标的实现

1957 年,Ventura 发明了世界上第一个电子表,从而奠定了电子时钟的基础。现代的电子时钟多是基于单片机的一种计时工具,采用延时程序产生一定的时间中断,通过计数方式进行满六十秒分钟进一,满六十分小时进一,满二十四小时清零,从而达到计时的功能。

数字电子时钟以 89C52 单片机为核心。当然,89C51 单片机也同样可以,只不过该芯片内部程序存储空间为 4 KB,而 89C52 字节为 8 KB,本章我们以 STC89C52RC 为例进行实验。单片机控制电路简单且省去了很多复杂的线路,相信大家已经了解它的最小系统的设计与 I/O 口的简单控制,本章就不再讲解了。其次重要的就是数码管的使用。当了解数码管的引脚排列、显示原理之后,我们可以随心所欲地让数码管显示任意数字,随意变化数字

顺序等。

7.4.1 单片机定时器/计数器设计一个秒表

以 STC89C52 单片机为核心,使用 P1 口,利用单片机 T0 定时器/计数器控制 8 位共阳极 LED 灯实现循环点亮。

1. 思路分析

所有器件选用直插方式,单片机选用 STC89C52(或 STC89C51),选用 8 位共阳极 LED 灯,电源及下载部分选用 双 USB 串口下载头(或 USB-TTL 下载器)。编程环境 Keil5,下载使用 STC 官方最新软件 stc-isp-15xx-v6.85。

2. 原理图

定时器/计数器案例 1 原理图如图 7.4.1 所示。

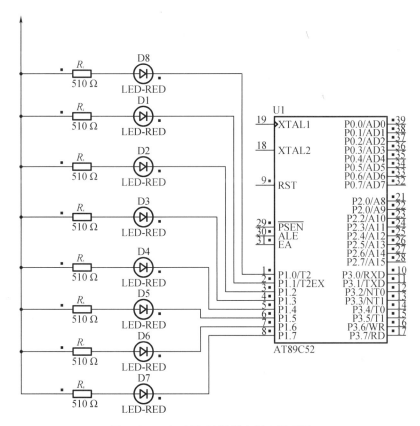

图 7.4.1 定时器/计数器案例 1 原理图

3. 程序

```
#include <reg52.h>
#include <intrins.h>
#define uchar unsigned char
#define uint  unsigned int
void delay(uint z)
```

```
{
  uint x,y;
  for(x=z;x>0;x--)
    for(y=110;y>0;y--);
}
void ledliu()
{
  uint aa;
  delay(500);
  aa=P1;
  aa=_crol_(aa,1);
  P1=aa;
}
void main( )
{
  P1=0xfe;
  TMOD=0x01;
  TH0=-50000/256;
  TL0=-50000%256;
  EA=1;
  ET0=1;
  TR0=1;
  while(1);
}
/***************中断服务函数********************/
void T0_time() interrupt 1
{
  uint i;
  TH0=-50000/256;
  TL0=-50000%256;
  i++;
  if(i=10)
  {
    ledliu();
    i=0;
  }
}
```

4. 效果图

定时器/计数器案例 1 效果图如图 7.4.2 所示。

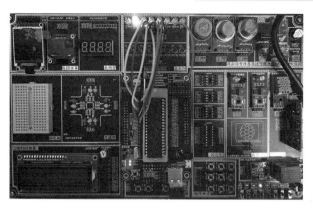

定时器/计数器案例
1操作视频

图 7.4.2　定时器/计数器案例 **1** 效果图

7.4.2　单片机定时器/计数器设计电子时钟

利用定时器/计数器功能实现通过 OLED 显示时间、年、月、日,以及相关信息。还可以根据喜好添加不同的图片。可以自行设置时间。

1.思路分析

所有器件选用直插方式,单片机选用 STC89C52(或 STC89C51),选用 OLED 屏幕显示年、月、日、星期,电源及下载部分选用 双 USB 串口下载头(或 USB-TTL 下载器)。编程环境 Keil5,下载使用 STC 官方最新软件 stc-isp-15xx-v6.85。

2.原理图

定时器/计数器案例 2 原理图如图 7.4.3 所示。

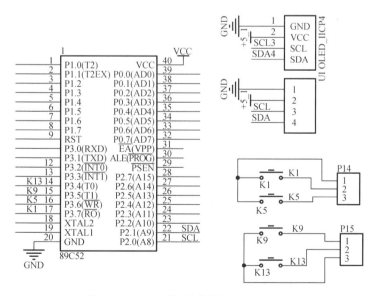

图 7.4.3　定时器/计数器案例 **2** 原理图

3.程序(仅展示主函数)

```
void main()
{
```

```
    unsigned charnum,num1,N,Y,R,S,F,M;
    TIM0init();                                          //初始化定时器0
    OLED_Init();                                         //初始化
    OLED_ColorTurn(0);                                   //0正常显示,1反色显示
    OLED_DisplayTurn(0);                                 //0正常显示,1屏幕反转显示
    OLED_DrawBMP(0,0,127,64,BMP1);                       //生成图像
    while(1)
    {
      if(key2==0)                                        //控制OLED屏幕亮灭
      {
        DelayUs2x(10);
        if(key2==0)
        {  num1++;  }
        while(! key2);
      }
      if(num1==1){ OLED_Display_Off();num=0;}            //关闭
      if(num1==2)num1=0;
      if(num1==0)
      {
        OLED_Display_On();                               //打开
        if(key3==0)                                      //模式控制
        {
        DelayUs2x(10);
        if(key3==0)
        {  num++;  }
        while(! key3);
        }
      if(key0==0)//                                      //加
      {
        DelayUs2x(10);
        if(key0==0)
        {
          if(num==1){ hour++;if(hour>=24)hour=0; }       //+
          if(num==2){ minute++;if(minute>=60)hour=0; }       //+
          if(num==3){ year++; }                          //+
          if(num==4){ month++;if(month>=13)month=1;
          if((month==1||month==3||month==5||month==7||month==8||month==10
||month==12)&&date==31)date=30;
          if(month==2&&date>28)date=28; }                //+
          if(num==5){ date++;if((month==1||month==3||month==5||month==7||
month==8||month==10||month==12)&&date>=32)date=1;   //日
```

```
        else if(date>=31&&month==4||date>=31&&month==6||date>=31&&month=
=9||date>=31&&month==11)date=1;
            else if(date>=29&&month==2)date=1;}                    //+
            if(num==6){Q++;if(Q>=7)Q=0;}
        }
        while(! key0);
    }
    if(key1==0)                                                    //减
    {
    DelayUs2x(10);
    if(key1==0)
    {
    if(num==1){ hour--;if(hour==255)hour=23;}         //-
    if(num==2){ minute--;if(minute==255)minute=59;}   //-
    if(num==3){ year--;}                               //-
    if(num==4){ month--;if(month==0)month=12;
    if((month==1||month==3||month==5||month==7||month==8||month==10||
month==12)&&date==31)date=30;
        if(month==2&&date>28)date=28;}                 //-
        if(num==5){ date;if(date==0&&month==1||date==0&&month==3||date==
0&&month==5||date==0&&month==7||date==0&&month==8||date==0&&month==10||
date==0&&month==12)date=31;
        else if(date==0&&month==4||date==0&&month==6||date==0&&month==9||
date==0&&month==11)date=30;
        else if(date==0&&month==2)date=28;}           //-
        if(num==6){Q--;if(Q==255)Q=6;}
    }
    while(! key1);
    }
    if(num==7)num=0;
    N=year;                                                        //年
    Y=month;                                                       //月
    R=date;                                                        //日
    S=hour;                                                        //时
    F=minute;                                                      //分
    M=second;                                                      //秒
    OLED_ShowNum(0,0,N,2,8);                                       //显示数字
    OLED_ShowChinese(13,0,0,7);                                    //文字 年
    OLED_ShowNum(22,0,Y,2,8);                                      //显示数字
    OLED_ShowChinese(35,0,1,7);                                    //文字 月
    OLED_ShowNum(46,0,R,2,8);                                      //显示数字
    OLED_ShowChinese(59,0,2,7);                                    //文字 日
```

```
    OLED_ShowNum(33,5,S,2,16);                        //显示数字
    OLED_ShowString(50,5,":",16);                     //显示字符串
    OLED_ShowNum(57,5,F,2,16);                        //显示数字
    OLED_ShowString(72,5,":",16);                     //显示字符串
    OLED_ShowNum(79,5,M,2,16);                        //显示数字 z
    OLED_ShowChinese(75,1,7,13);                      //文字 星
    OLED_ShowChinese(88,1,8,13);                      //文字 期
    OLED_ShowChinese(101,1,Q,13);                     //文字
    }
  }
}
```

定时器/计数器案例 2 操作视频

4. 实物图

开发板通电后,按下按键 K1 进入增加模式、K2 进入减少模式、K3 进入开关模式、K4 进入选择模式。实物图如图 7.4.4 所示。

图 7.4.4 定时器/计数器案例 2 实物效果图

习题与思考题

1. 89C51 定时器有哪几种工作方式？有何区别，请用表格阐述？

2. 选择定时器 0 工作方式 1 时，若时钟频率 12 MHz，定时 50 ms，TH0 和 TL0 怎样装初值？写出计算过程。

3. 如何书写定时器 0 中断服务函数？

4. 如果外部晶振 11.059 2 MHz，使用定时器 0 工作方式 1，定时 50 ms，在程序初始阶段请对有关的寄存器进行设置。

5. 编写程序实现小灯 1 s 亮一次的功能。

第8章 单片机的串行通信

学习意义

完成本章的学习后,你将能够对串行通信有一个感性的认识和了解,并在此基础上掌握 MCS-51 系列单片机串行口的结构、原理和应用。

学习目标

- 了解串行通信基础知识;
- 掌握 MCS-51 系列单片机串行口的结构;
- 掌握 MCS-51 系列单片机串行口的工作方式;
- 掌握 MCS-51 系列单片机串行口的波特率设置;
- 掌握 MCS-51 系列单片机之间的串行通信;
- 掌握 MCS-51 系列单片机与 PC 之间的串行通信。

学习指导

仔细阅读所提供的知识内容,查阅相关资料,咨询指导教师,完成相应的学习目标。确保在完成本章学习后你能够对单片机通信技术有一个较为清晰的认识。

学习准备

复习、回忆你所学过的单片机技术基础知识 查阅相关资料,了解它们的应用。

学习案例

本章主要学习单片机的通信方式。单片机的通信方式有很多种,如串口通信、I^2C 通信、SPI 通信等都是单片机常见的通信方式,本章要做的实例是温度传感器 DS18B20 通过采集到当前的温度,采用单总线的通信方式,把数据传输给单片机,单片机通过 I^2C 或者 SPI 通信方式,在 OLED 屏幕上显示当前的温度,如图 8.0.1 所示。本章涉及的实验资料二维码如图 8.0.2 所示。

图 8.0.1 OLED 屏幕显示温度

图 8.0.2 实验资料二维码

8.1　串行通信基础

中央处理器(CPU)和外界的信息交换(或数据传送)称为通信。通信通常有并行和串行两种方式。数据的各位同时传送的称为并行通信,数据一位一位逐个地顺序传送的称为串行通信。串行通信的特点是数据按位顺序进行传送,最少只需一根传输线即可完成,成本低。计算机与外界的数据传送大多数是串行的,其传送的距离可以从几米到几千千米。

8.1.1　串行通信线路形式

根据信息的传送方向,串行通信可以进一步分为单工、半双工和全双工三种。

1. 单工

如图 8.1.1 所示,单工是指数据传输仅能沿一个方向,不能实现反向传输。例如,计算机与打印机之间的串行通信就是单工形式,因为只能有计算机向打印机传送数据,而不可能有相反方向的数据传送。

图 8.1.1　单工通信示意图

2. 半双工

如图 8.1.2 所示,半双工是指数据传输可以沿两个方向,但需要分时进行。因此半双工形式既可以使用一条数据线,也可以使用两条数据线。

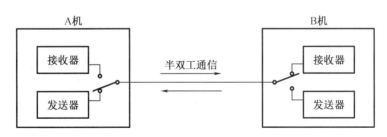

图 8.1.2　半双工通信示意图

3. 全双工

如图 8.1.3 所示,全双工是指数据可以同时进行双向传输,且可以同时发送和接收数据。因此,全双工形式的串行通信需要两条数据线。串行通信是通过串行口来实现的,MCS-51 有一个全双工(数据的传送是双向的,可以同时发送和接收)的异步串行通信接口可以实现串行数据通信。

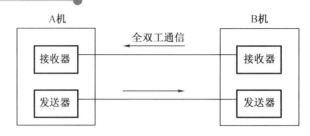

图 8.1.3　双工通信示意图

8.1.2　异步通信和同步通信

串行通信有两种基本方式:异步通信和同步通信方式。异步通信方式是以字符(或字节)为单位组成字符帧传送的。字符帧由发送端一帧一帧地发送,通过传输线被接收设备一帧一帧地接收。异步通信优点是数据传送可靠性高,缺点是通信效率低。异步通信传输的字符前面有一个起始位"0",后面有一个停止位"1",这是一种起止式的通信方式,字符之间没有固定的间隔长度。典型的异步通信数据格式如图 8.1.4 所示。

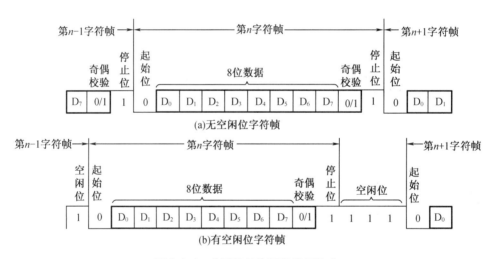

图 8.1.4　典型的异步通信数据格式

(1)字符帧:字符帧也叫数据帧,由起始位、数据位、奇偶校验位和停止位四部分组成。如图 8.1.4 所示。

(2)起始位:位于字符帧开头,只占一位,始终为逻辑"0",用于向接收设备表达发送端要开始发送一帧数据。

(3)数据位:紧跟起始位之后,用户根据情况可取 5 位、6 位、7 位或 8 位,低位在前高位在后。各位之间的距离为"位间隔"的整数倍,若所传数据为 ASCⅡ字符,则常取 7 位。

(4)奇偶校验位:位于数据位之后,仅占一位。用于对字符传送做正确性检查,因此奇偶校验位是可选择的,采用奇校验还是偶校验,由用户根据需要决定。

(5)停止位:位于字符帧末尾,为逻辑"1"高电平,通常可取 1 位、1.5 位或 2 位,用于向接收端表示一帧字符信息已发送完毕,也为下一帧字符做准备。

在串行通信中,发送端一帧一帧发送信息,接收端一帧一帧接收信息。两相邻字符帧之间可以无空闲位,也可以有若干空闲位,这由用户根据需要决定。这种方式的优点是数据传送的可靠性较高,能及时发现错误,缺点是通信效率较低。

同步通信数据格式如图8.1.5所示,在同步通信中,每一数据块发送开始时,先发送一个或两个同步字符,使发送与接收取得同步,然后再顺序发送数据。数据块的各个字符间取消起始位和停止位,所以通信速度得以提高。接收端不断对传输线采样,并把采样到的字符和双方约定的同步字符比较,只有比较成功后才会把后面接收到的字符加以存储,在同步通信中字符之间没有间隔,通信效率高。

(a)单同步字符帧格式

(b)双同步字符帧格式

图8.1.5 同步通信数据格式

串行通信中,每秒传送的数据位数称为波特率。

8.2 串行口结构描述

MCS-51的串行口是一个全双工的异步串行通信接口,可以同时发送和接收数据。全双工就是两个单片机之间串行数据可同时双向传输。异步通信是指收发双方使用各自的时钟控制发送和接收过程,这样可省去收发双方的一条同步时钟信号线,使得异步串行通信连接更加简单且容易实现。

8.2.1 串行口的结构

串行口的内部结构如图8.2.1所示,串行口的内部有数据接收缓冲器和数据发送缓冲器,这两个数据缓冲器都用符号SBUF来表示。串行口由发送电路和接收电路两部分组成。图中有两个物理上独立的串行口接收、发送缓冲器SBUF。SBUF(发送)用于存放将要发送的字符数据;SBUF(接收)用于存放串行口接收到的字符数据,数据的发送、接收可同时进行。SBUF(发送)和SBUF(接收)同属于特殊功能寄存器SBUF,占用同一个地址99H。但发送缓冲器只能写入,不能读出;接收缓冲器只能读出,不能写入。因此,对SBUF进行写操作时,是把数据送入SBUF(发送)中;对SBUF进行读操作时,读出的是SBUF(接收)中的数据。

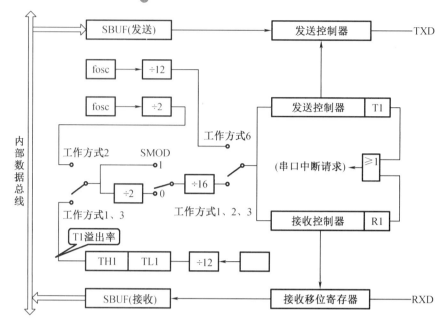

图 8.2.1 MCS-51 单片机串行口的内部结构

当单片机执行"写"SBUF 命令(如 SBUF = a)时,将变量 a 中欲发送的字符送入 SBUF (发送)后,发送控制器在发送时钟的作用下,自动在发送字符前后添加起始位、停止位和其他控制位,然后在发送时钟的控制下,逐位从 TXD 线上串行发送字符帧。发送完后使发送中断标志 TI = 1,发出串口发送中断请求。串行口在接收时,接收控制器会自动对 RXD 线进行监视。当确认 RXD 线上出现起始位后,接收控制器就从起始位后的数据位开始,将一帧字符中的有用位逐位移入接收缓冲寄存器 SBUF(接收)中,自动去掉起始位、停止位或空闲位,并使接收中断标志 RI = 1,发出串口接收中断请求。这时,只要执行"读"SBUF 命令(SBUF = b),变量 b 便可以得到接收的数据。

8.2.2 串行口的控制寄存器

与串行通信有关的特殊功能寄存器共有 4 个:

(1)特殊功能寄存器 SCON:存放串行口的控制和状态信息。

(2)特殊功能寄存器 PCON:最高位 SMOD 为串行口波特率的倍率控制位。

(3)中断允许寄存器 IE:D4 位(ES)为串行口中断允许位。

(4)中断优先级控制寄存器 IP:D4 位(PS)为串行口优先级控制位。

1. 串行口控制寄存器 SCON

串行口控制寄存器 SCON 描述如表 8.2.1 所示,是一个特殊功能寄存器,地址为 98H, 具有位寻址功能。SCON 用于设定串行口的工作方式、接收/发送控制以及设置状态标志等。

表 8.2.1　串行口控制寄存器 SCON

位序	7	6	5	4	3	2	1	0	
SCON	位名	SM0	SM1	SM2	REN	TB8	RB8	T1	R1	字节地址98H
	位地址	9FH	9EH	9DH	9CH	9BH	9AH	99H	98H	

各位功能说明如下：

（1）SM0、SM1：串行口的工作方式选择位。

SM0 和 SM1（SCON.7 和 SCON.6）：串行口工作方式选择位。可选择 4 种工作方式，如表 8.2.2 所示。

表 8.2.2　串行口工作方式设置

SM0	SM1	工作方式	功能	波特率
0	0	0	同步移位寄存器	$f_{osc}/12$
0	1	1	10 位异步收发（8 位数据）	可变，由定时器 1 控制
1	0	2	11 位异步收发（9 位数据）	$f_{osc}/64$ 或 $f_{osc}/32$
1	1	3	11 位异步收发（9 位数据）	可变，由定时器 1 控制

（2）SM2：多机通信控制位。

对于方式 2 和方式 3，如 SM2 置为 1，则只有接收到的第 9 位数据（RB8）为"1"，才激活接收中断标志位 RI，收到的数据才可以进入 SBUF，进而在中断或主函数中将数据从 SBUF 读走；而当 SM2 置为 0 时，则不论第 9 位数据为"0"还是为"1"，都将前 8 位数据装入 SBUF 中，并置位 RI 产生中断请求。对于方式 1，如 SM2＝1，则只有接收到有效停止位才会 RI 置 1。对于方式 0，SM2 必须为 0。

（3）REN：允许串行接收位。

REN 位用于对串行数据的接收进行控制。由软件置位 1 以允许接收。由软件清"0"来禁止接收。

（4）TB8：发送的第 9 个数据位。

对于方式 2 和方式 3，TB8 内容是要发送的第 9 位数据，需要时其值由用户通过软件置位或复位。方式 0 和方式 1 该位未用。

（5）RB8：接收第 9 个数据位。可以用作数据的奇偶校验位，或在多机通信中，作为地址帧/数据帧的标志位。

对于方式 2 和方式 3，RB8 存放接收到的第 9 位数据。对于方式 1，如 SM2＝0，RB8 是接收到的停止位。对于方式 0，不使用 RB8。

（6）TI：发送中断标志。

在方式 0 下，串行发送完第 8 位数据后，该位由硬件置位。在其他方式下，串行发送停止位开始时，由硬件置"1"，并向 CPU 发出中断申请。TI 必须由软件清"0"。这就是说：TI 在发送前必须由软件复位，发送完一帧数据后由硬件置位。TI＝1，表示帧发送结束，其状态既可供软件查询使用，也可请求中断。

（7）RI：接收中断标志。

在方式 0 下，接收完第 8 位数据后，该位由硬件置位（"1"）。在其他方式接收到停止位中间时置位，必须由软件清"0"。

2. 电源控制寄存器 PCON

PCON 的字节地址为 87H，不能按位寻址，只能按字节寻址。各位的定义如表 8.2.3 所示。其中，只有一位 SMOD 与串行口工作有关。编程时只能使用字节操作指令对它赋值。

表 8.2.3　电源控制寄存器

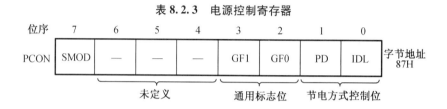

SMOD（PCON.7）：波特率倍增位。在串行口方式 1、方式 2、方式 3 中，用于控制是否倍增波特率。当 SMOD = 0 时，波特率不倍增；当 SMOD = 1 时，波特率提高一倍。

PCON 其余的位，只定义了 4 位，GF1、GF0 为通用标志位，PD、IDL 用于节电方式控制：前者为掉电控制位，后者为空闲控制位。

8.3　波特率的设定与定时器的关系

串行口每秒钟发送（或接收）的位数叫作波特率。设发送一位所需要的时间为 T，则波特率为 $1/T$。定时器的不同工作方式，得到的波特率的范围不一样，这是由 T1 在不同工作方式下计数位数的不同所决定的。在串行通信中，为了保证接收方能正确识别数据，收发双方必须事先约定串行通信的波特率。MCS-51 单片机在不同的串口工作方式下，其串行通信的波特率是不同的。其中，方式 0 和方式 2 的波特率是固定的；方式 1 和方式 3 的波特率是可变的，由定时器 T1 的溢出率决定。计算公式如下。

（1）方式 0 时，波特率固定为时钟频率 fosc 的 1/12，不受 SMOD 位值的影响，即

$$波特率 = fosc/12 \tag{8.3.1}$$

若 fosc = 12 MHz（fosc 为单片机使用的晶振频率），波特率 1 Mbit/s。

（2）方式 2 时，波特率仅与 SMOD 位的值有关。

$$波特率 = fosc × 2^{SMOD}/64 \tag{8.3.2}$$

若 fosc = 12 MHz，SMOD = 0，波特率 = 187.5 kbit/s；SMOD = 1，波特率 = 375 kbit/s。

（3）方式 1 或方式 3 定时，常用 T1 作为波特率发生器，其关系式为

$$波特率 = (2^{SMOD}/32) × (T1 溢出率) \tag{8.3.3}$$

由式（8.3.3）可见，T1 溢出率和 SMOD 的值共同决定波特率。

在实际设定波特率时，T1 常设置为方式 2 定时（自动装初值），即 TL1 作为 8 位计数

器,TH1 存放备用初值。这种方式操作方便,也避免因软件重装初值带来的定时误差。

设定时器 T1 方式 2 的初值为 X,则有

$$定时器\ T1\ 的溢出率=\frac{计数速率}{256-X}=\frac{fosc/12}{256-X} \tag{8.3.4}$$

式(8.3.4)理解如下:TL1 为 8 位计数器,范围 0~255,加满后再加 1 为 256 溢出。设初值为 x,则定时器 1 每计 $256-x$ 个数溢出一次,每计一个数为　个机器周期,也就是 12 个时钟周期,所以计一个数的时间为 12/fosc s(注意 fosc 要化成单位 Hz,1 MHz=1 000 000 Hz),那么溢出一次的时间为 $(256-x)12/fosc$,则 T1 的溢出率为溢出一次时间的倒数。

在单片机应用中,常用的晶振频率为 6 MHz 或 12 MHz(或 11.059 2 MHz)。为避免繁杂的计算,表 8.3.1 和表 8.3.2 列出了波特率和有关参数的关系,以方便查用。

表 8.3.1　常用波特率初值表

波特率 /bit/s	晶振 /MHz	初值 (SMOD=0)	初值 (SMOD=1)	误差 /%	晶振 /MHz	初值 (SMOD=0)	初值 (SMOD=1)	误差(12 MHz 晶振)/% (SMOD=0)	误差(12 MHz 晶振)/% (SMOD=1)
300	11.059 2	0xA0	0X40	0	12	0X98	0X30	0.16	0.16
600	11.059 2	0XD0	0XA0	0	12	0XCC	0X98	0.16	0.16
1200	11.059 2	0XE8	0XD0	0	12	0XE6	0XCC	0.16	0.16
1800	11.059 2	0XF0	0XE0	0	12	0XEF	0XDD	2.12	-0.79
2400	11.059 2	0XF4	XE8	0	12	0XF3	0XE6	0.16	0.16
3600	11.059 2	0XF8	0XF0	0	12	0XF7	0XEF	-3.55	2.12
4800	11.059 2	0XFA	0XF4	0	12	0XF9	0XF3	-6.99	0.16
7200	11.059 2	0XFC	0XF8	0	12	0XFC	0XF7	8.51	-3.55
9600	11.059 2	0XFD	0XFA	0	12	0XFD	0XF9	8.51	-6.99
14400	11.059 2	0XFE	0XFC	0	12	0XFE	0XFC	8.51	8.51
19200	11.059 2	—	0XFD	0	12		0XFD	—	8.51
28800	11.059 2	0XFF	0XFE	0	12	0XFF	0XFE	8.51	8.51

表 8.3.1 为串口方式 T1,3 时定时器 T1 方式 2 产生常用波特率时,TL1 和 TH1 中所装入的值。

表 8.3.2　常用波特率参数表

串行口 工作方式	波特率 (bit/s)	fosc (MHz)	SMDO	定时器 T1 C/T	定时器 T1 工作方式	定时器 T1 初值
方式 0	0.5M	6	×	×	×	×
	1M	12	×	×	×	×

表 8.3.2(续)

串行口	波特率	fosc	SMDO	定时器 T1		
工作方式	(bit/s)	(MHz)		C/T	工作方式	初值
方式 2	187.5K	6	1	×	×	×
	375K	12	1	×	×	×
方式 1 或 方式 3	62.5K	12	1	0	2	FFH
	19.2K	11.059 2	1	0	2	FDH
	9 600	11.059 2	0	0	2	FDH
	4 800	11.059 2	0	0	2	FAH
	2 400	11.059 2	0	0	2	F4H
	1 200	11.059 2	0	0	2	E8H
	19.2K	6	1	0	2	FEH
	9 600	6	1	0	2	FCH
	4 800	6	0	0	2	FCH
	2 400	6	0	0	2	F9H
	1 200	6	0	0	2	F2H

【例 8.3.1】 若时钟频率为 11.059 2 MHz,选用 T1 的方式 2 定时作为波特率发生器,波特率为 9 600 bit/s,求初值。

设 T1 为方式 2 定时,选 SMOD=0。

将已知条件代入式(8.3.3)中,有 $9\,600 = \dfrac{2^{\text{SMOD}}}{32} \times \dfrac{\text{fosc}}{12(256-x)}$

从而解得 $x = 253 = \text{FDH}$。只要把 FDH 装入 TH1 和 TL1,则 T1 产生的波特率为 9 600 bit/s。也可直接从表 8.2.4 中查到。这里时钟振荡频率选为 11.059 2 MHz,就可使初值为整数,从而产生精确的波特率。

8.4　串行口的工作方式与典型应用举例

4 种工作方式由 SCON 中 SM0、SM1 位定义,编码详见表 8.2.2 串行口工作方式设置。

1. 方式 0

当串行口工作于方式 0 时,RXD(P3.0)引脚用于输入或输出数据,TXD(P3.1)引脚用于输出同步移位脉冲。波特率固定为 fosc/12。发送和接收均为 8 位数据,低位在前,高位在后。SM2、RB8 和 TB8 皆不起作用,通常将它们均设置为 0 状态。方式 0 发送时,SBUF(发送)相当于一个并入串出的移位寄存器。当 TI=0 时,通过指令向发送数据缓冲器 SBUF 写入一个数据,就会启动串行口的发送过程。从 RXD 引脚逐位移出 SBUF 中的数据,同时从 TXD 引脚输出同步移位脉冲。这个移位脉冲可提供与串口通信的外设作为输入移位脉冲移入数据。当 SBUF 中的 8 位数据完全移出后,硬件电路自动将中断标志 TI 置 1,产生串口中断请求。如要再发送下一字节数据,必须用指令先将 TI 清 0,再重复上述过程。串口方式 0 的发送时序如图 8.4.1 所示。

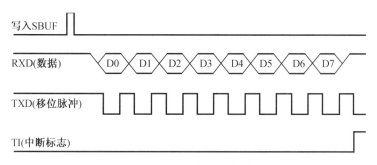

图 8.4.1 串口方式 0 的发送时序

在方式 0 接收时,SBUF(接收)相当于一个串入并出的移位寄存器。当 SCON 中的接收允许位 REN=1,并用指令使 RI 为 0 时,就会启动串行口接收过程。外设送来的串行数据从 RXD 引脚输入,同步移位脉冲从 TXD 引脚输出,供给外设作为输出移位脉冲用于移出数据。当一帧数据完全移入单片机的 SBUF 后,由硬件电路将中断标志 RI 置 1,产生串口中断请求。接收方可在查询到 RI=1 后或在串口中断服务程序中将 SBUF(接收)中的数据读走。如要再接收数据,必须用指令将 RI 清 0,再重复上述过程。串口方式 0 的接收时序如图 8.4.2 所示。

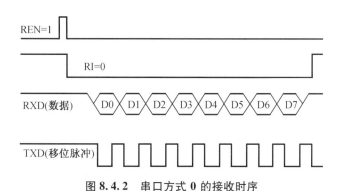

图 8.4.2 串口方式 0 的接收时序

2. 方式 1

工作方式 1 时,串口被设定为 10 位异步通信口。通常我们进行单片机通信时,基本都选择方式 1,大家要对这种方式掌握,其他方式同理可学。TXD 为数据发送引脚,RXD 为数据接收引脚,所传送的字符帧格式如图 8.4.3 所示。

发送过程如图 8.4.4 所示。

在 TI=0 时,当执行一条写 SBUF 的指令后,即可启动串行口发送过程:发送电路自动在写入 SBUF 中的 8 位数据前后分别添加 1 位起始位和 1 位停止位。在发送移位脉冲作用下,从 TXD 引脚逐位送出起始位、数据位和停止位。发送完一个字符帧后,自动维持 TXD 线为高电平。并使发送中断标志 TI 置 1,产生串口中断请求。通过软件将 TI 清 0,便可继续发送。

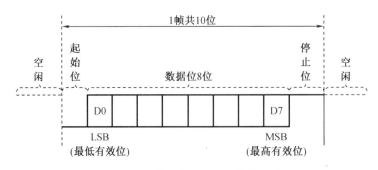

图 8.4.3　串口方式 1 的字符帧格式

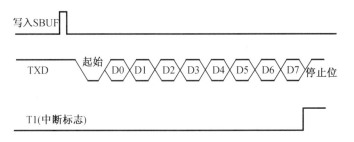

图 8.4.4　串口方式 1 的发送时序

接收过程如图 8.4.5 所示。

当使用命令使 RI＝0，REN＝1 时，串口开始接收过程，接收控制器先以速率为所选波特率的 16 倍的采样脉冲对 RXD 引脚电平进行采样，当连续 8 次采样到 RXD 线为低电平时，便可确认 RXD 线上有起始位。此后，接收控制器就改为对第 7、8、9 三个脉冲采样到的值进行位检测，并以三中取二原则来确定所采样数据的值。

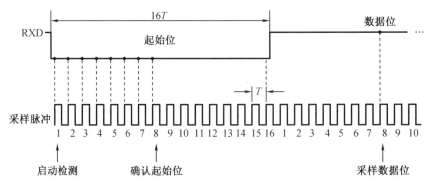

图 8.4.5　串口接收时对 RXD 引脚电平的采样

3. 方式 2 和方式 3

将串行口定义为工作方式 2 或方式 3 时，串口被设定为 11 位异步通信口。TXD 为数据发送引脚，RXD 为数据接收引脚，所传送的字符帧格式如图 8.4.6 所示。

图 8.4.6 串口方式 2 和方式 3 的字符帧格式

　　方式 2 和方式 3 的发送过程类似于方式 1 的发送过程,如图 8.4.7 所示。所不同的是,方式 2 和方式 3 有 9 位有效数据位。因此,发送时,除了通过写 SBUF 指令将 8 位数据装入 SBUF(发送)外, 还要把第 9 位数据预先装入 SCON 的 TB8 中。第 9 位数据可以是奇偶校验位,也可以是其他控制位。

　　通常让 TB8 为"1"或"0"装入第 9 位数据。然后再执行一条写 SBUF 指令,将低 8 位发送数据送入 SBUF 中,便可以启动发送过程。一帧字符发送完后,TI = 1。通过软件将其清 0 后,可用同样方法发送下一字符帧。

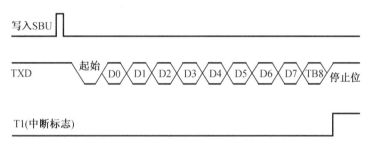

图 8.4.7 串口方式 2 和方式 3 的发送时序

　　方式 2 和方式 3 的接收过程也和方式 1 的接收过程类似。但不同的是:方式 1 时,RB8 中存放的是停止位,方式 2 和方式 3 时,RB8 中存放的是第 9 位数据。

　　方式 2 和方式 3 正常接收时的接收时序,如图 8.4.8 所示。其中,TB8 被接收后存为 RB8。

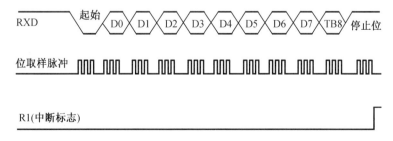

图 8.4.8 串口方式 2 和方式 3 的正常接收时序

由于串口工作方式 1 应用比较常见,其他工作方式同理。

8.5　串行总线接口技术

随着单片机芯片的集成度和结构的发展,单片机的并行总线扩展(利用三总线 AB、DB、CB 进行的系统扩展)已不再是单片机系统唯一的扩展结构,除并行总线扩展技术之外,串行总线接口技术是近几年非常流行的接口技术。采用串行总线扩展技术可以使系统的硬件设计简化,系统的体积减小,同时,系统的更改和扩充更为容易。目前主流的串行总线扩展技术包括 DALLAS 公司的单总线(1-Wire) 接口、Philips 公司的 I2C(Inter IC BUS)串行总线接口、Motorola 公司的 SPI(Serial Peripheral Interface)串行外设接口等技术。同样,各公司设计开发了许多支持串行总线扩展技术的硬件设备,我们学习串行总线接口技术,能够使得单片机的开发更加方便快捷。本节内容将详细介绍上述三种串行总线扩展技术,并配有详细的应用案例。

DS18B20 是 DALLAS 公司生产的数字温度传感器,以单总线接口技术与单片机进行数据通信,即只需要一个 I/O 接口,并不需要其他任何外部元器件在传统的模拟信号远距离温度测量系统中,需要很好地解决引线误差补偿问题、多点测量切换误差问题和放大电路零点漂移误差问题等技术问题, 才能够达到较高的测量精度。另外一般监控现场的电磁环境都非常恶劣,各种干扰信号较强,模拟温度信号容易受到干扰而产生测量误差,影响测量精度。因此,在温度测量系统中,采用抗干扰能力强的新型数字温度传感器是解决这些问题的最有效方案,新型数字温度传感器 DS18B20 具有体积更小、精度更高、适用电压更宽、采用一线总线、可组网等优点,在实际应用中取得了良好的测温效果。也有防水的 DS18B20,使用方法和普通的一样,本节的重点内容是单总线的通信协议,以及基于此协议的 DS18B20 芯片的应用。

8.5.1　串行单总线扩展技术

1. 单总线接口概述

单总线(1-Wire)技术是美国 DALLAS 半导体公司推出的新技术。它将地址线、数据线、控制线合为一根信号线,设备(主机或从机)通过一个漏极开路或三态端口连至该数据线,以允许设备在不发送数据时能够释放总线,而让其设备使用总线,其内部等效电路如图 8.5.1 所示。

单总线上可以挂接数百个测控对象,形成多点单总线测控系统,如图 8.5.2 所示。测控对象所用器件芯片均有生产商用激光刻录的一个 64 位二进制 ROM 代码。代码从最低位开始,前 8 位是族码, 表示产品的分类编号;接着的 48 位是一个唯一的序列号;最后 8 位是前 56 位的 CRC 校验码。在使用时,总线命令读入 ROM 中 64 位二进制码后,将前 56 位按 CRC 多项式计算出 CRC 值,然后与 ROM 中高 8 位的 CRC 值比较,若相同则表明数据传送正确,否则要求重新传送。48 位序列号是一个 15 位的十进制编码,这么长的编码完全可为每个芯片编制一个全世界唯一的号码,也称之为身份证号,可以被寻址识别出来。

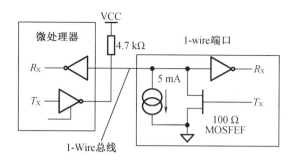

图 8.5.1 单总线芯片内部等效电路

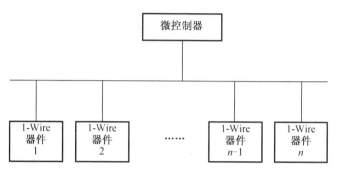

图 8.5.2 多点单行线测控系统

2. 单总线通信接口协议

所有的单总线器件都要遵循严格的通信协议,以保证数据的完整性。1-Wire 协议定义了复位脉冲、应答脉冲、写 0 、写 1 、读 0 和读 1 时序等几种信号类型。所有的单总线命令序列(初始化、ROM 命令、功能命令)都是由这些基本的信号类型组成的。在这些信号中,除了应答脉冲外,其他均由主机发出同步信号,并且发送的所有命令和数据都是字节的低位在前。图 8.5.3 是这些信号的时序图。

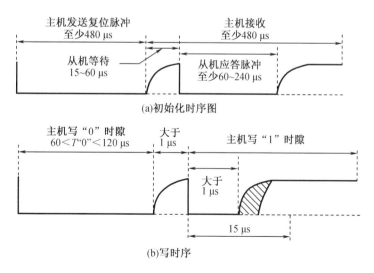

(a)初始化时序图

(b)写时序

图 8.5.3 单总线时序图

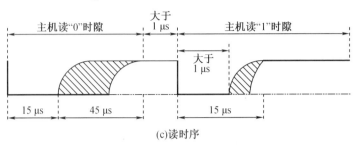

(c)读时序

图 8.5.3(续)

初始化时序包括主机发出的复位脉冲和从机发出的应答脉冲。在每一个时序中,总线只能传输一位数据。所有的读、写时序至少需要 60 μs,且每两个独立的时序之间至少需要 1 μs 的恢复时间。单总线器件仅在主机发出读时序时才向主机传输数据,所以,当主机向单总线器件发出读数据命令后,必须马上产生读时序,以便单总线器件能传输数据。在主机发出读时序之后,单总线器件才开始在总线上发送 0 或 1。若单总线器件发送 1,则总线保持高电平,若发送 0,则拉低总线。由于单总线器件发送数据后可保持 15 μs 有效时间,因此,主机在读时序期间必须释放总线,且须在 15 μs 的采样总线状态,以便接收从机发送的数据。

单总线通常要求外接一个约为 4.7 kΩ 的上拉电阻,这样,当总线闲置时,其状态为高电平。主机和从机之间的通信可通过 3 个步骤完成,分别为:

(1)初始化 1-Wire 器件;

(2)传送 ROM 命令,主要识别 1-Wire 器件;

(3)传送 RAM 命令,完成交换数据。由于它们是主从结构,只有主机呼叫从机时,从机才能应答,因此,主机访问 1-Wire 器件都必须严格遵循单总线命令序列。如果出现序列混乱,1-Wire 器件将不响应主机(搜索 ROM 命令,报警搜索命令除外)。

3. DS18B20 温度传感器简介

DS18B20 是 DALLAS 公司生产的 1-Wire 数字温度传感器,温度测量范围为 -55~125 ℃,可编程的 9 位~12 位 A/D 转换精度,增量值为 ±0.5 ℃。其管脚排列如图 8.5.4 所示。

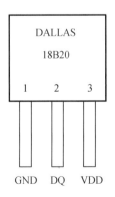

图 8.5.4 DS18B20 管脚排列图

（1）GND：电源地；

（2）DQ：数字输入/输出接口；

（3）VDD：电源正极。

每一个 DS18B20 包括一个唯一的 64 位序列号，该序列号存放在 DS18B20 内部的 ROM 中，开始 8 位是产品类型编码（DS18B20 编码均为 10H），接着的 48 位是每个器件唯一的序列号，最后 8 位是前面 56 位的 CRC 码。当单片机只对一个 DS18B20 操作，就不需要读取 ROM 编码以及匹配 ROM 编码了，只要跳过 ROM（CCH）命令就可以进行温度转换和读取操作。

DS18B20 中的温度传感器可完成对温度的测量，温度数据存储在高速暂存器 RAM 的第 0 和第 1 个字节中，以 12 位转化为例：用 16 位符号扩展的二进制补码读数形式提供，以 0.062 5 ℃/LSB 形式表达，其中 S 为符号位，如表 8.5.1 所示。

表 8.5.1　DS18B2012 位数据格式

	bit7	bit6	bot5	bit4	bit3	bit2	bit1	bit0
LS Byte	2^3	2^2	2^1	2^0	2^{-1}	2^{-2}	2^{-3}	2^{-4}
	bit15	bit14	bot13	bit12	bit11	bit10	bit9	bit8
MS Byte	S	S	S	S	S	2^6	2^5	2^4

DS18B20 转化后得到的 12 位数据，bit0～bit10 为温度值，bit11 是符号位，二进制中的前面 5 位是符号位，如果测得的温度大于 0，这 5 位为 0，也就是这 5 位同时变化，只要将测到的数值乘于 0.062 5 即可得到实际温度；如果温度小于 0，这 5 位为 1，测到的数值需要取反加 1 再乘以 0.062 5 即可得到实际温度。例如：

+125 ℃的数字输出为 07D0H，因为十六进制 07D0H＝二进制 0000011111010000＝十进制 2000，2000×0.062 5＝+125。

+25.062 5 ℃的数字输出为 0191H，因为十六进制 0191H＝二进制 0000000110010001＝十进制 401，401×0.062 5＝+25.062 5。

−55 ℃的数字输出为 FC90H。因为十六进制 FC90H＝二进制 1111110010010000，取反 0000001101101111，加 1＝0000001101110000，二进制 0000001101110000＝十进制 880，880×0.062 5＝55。

4. DS18B20 温度传感器工作过程

DS18B20 工作过程如图 8.5.5 所示。

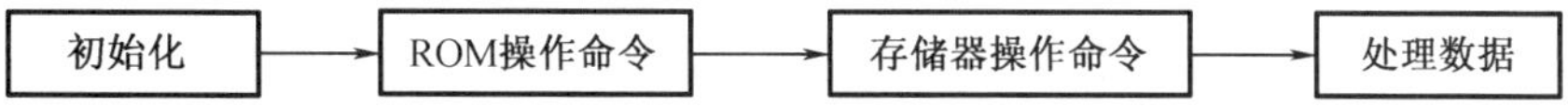

初始化 → ROM操作命令 → 存储器操作命令 → 处理数据

图 8.5.5　DS18B20 工作过程

（1）初始化

单总线上的所有处理均从初始化序列开始。初始化序列包括总线主机发出一复位脉冲，接着由从属器件送出存在脉冲。存在脉冲让总线控制器知道 DS1820 在总线上且已准备好操作。

（2）ROM 操作命令

总线主机检测到从属器件的存在，它便可以发出器件 ROM 操作命令。所有 ROM 操作命令均为 8 位长。这些命令如表 8.5.2 所示。

表 8.5.2　DS18B20 传送 ROM 命令

指令	代码	说明
读 ROM	33H	读总线上 DS18B20 的序列号
匹配 ROM	55H	对总线上 DS18B20 寻址
跳过 ROM	CCH	该命令执行后，将省去每次与 ROM 有关的操作
搜索 ROM	F0H	控制机识别总线上多个器件的 ROM 编码
报警搜索	ECH	控制机搜索有报警的器件

（3）存储器操作命令

存储器的操作命令如表 8.5.3 所示。

表 8.5.3　DS18B20 传送 RAM 命令

指令	代码	说明	发送命令后，单总线的响应信息
温度变换	44H	启动温度转换	无
读存储器	BEH	从 DS18B20 读出 9 字节数据（其中有温度值、报警值等）	传输多达 9 个字节至主机
写存储器	4EH	写上、下限值到 DS18B20 中 EEPROM 中	主机传输 3 个字节数据至 DS18B20
复制存储器	48H	将 DS18B20 存储器中的值写入 EEPROM 中	无
读 EEPROM	B8H	将 EEPROM 中的值写入存储器中	传送回读状态至主机
读供电方式	B4H	检测 DS18B20 的供电方式 0：寄生供电 1：外接电源供电	无

（4）数据处理

实际温度值与读出的数据值具有以下关系：

9 位数据：实际温度值=读出的数据值×0.5；

10 位数据：实际温度值=读出的数据值×0.25；

11 位数据：实际温度值=读出的数据值×0.125；

12 位数据：实际温度值=读出的数据值×0.062 5。

5.DS18B20 的初始化、数据读写操作时序

（1）初始化

DS18B20 初始化时序如图 8.5.6 所示，可以看到：初始化的目的是使 DS18B20 发出存在脉冲，以通知主机它在总线上并且准备好操作了。在初始化时序中，先将数据线置高电

平 1,延时,再将数据线拉低电平 0,总线上的主机通过拉低单总线至少 480 μs 来发送复位脉冲,一般取 750 μs。然后总线主机拉高释放总线并进入接收模式。总线释放后,4.7 kΩ 的上拉电阻把单总线上的电平拉回高电平。当 DS18B20 检测到上升沿后等待 15~60 μs,然后以拉低总线 60~240 μs 的方式发出存在脉冲。

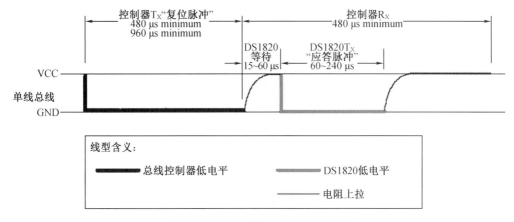

图 8.5.6　DS18B20 初始化时序图

至此,初始化和存在时序完毕。具体过程如下:

①先将数据线置 1 高电平。

②尽可能短一点的延时。

③数据线置 0 低电平。

④延时约 750 μs。

⑤数据线再次置 1 高电平。

⑥延时等待,如果初始化成功就会在 15~69 ms 内产生一个由 DS18B20 返回的低电平 0,表示它初步可用。若 CPU 读到数据线上的低电平 0 后,还要延时,使从第 ⑤步发出高电平算起的时间至少要 480 μs。

⑦将数据线再次拉到高电平 1 后结束。

(2)写时序图

图 8.5.7 所示为 DS18B20 写时序图,由此看见,为了产生写 1 时隙,在拉低总线后主机必须在 15 μs 内释放总线。在总线被释放后,由于 4.7 kΩ 上拉电阻将总线恢复为高电平。为了产生写 0 时隙,在拉低总线后主机必须继续拉低总线以满足时隙持续时间的要求(至少 60 μs)。

在主机产生写时隙后,DS18B20 会在其后的 15~60 μs 的一个时间窗口内采样单总线。在采样的时间窗口内,如果总线为高电平,主机会向 DS18B20 写入 1;如果总线为低电平,主机会向 DS18B20 写入 0。

综上所述,所有的写时隙必须至少有 60 μs 的持续时间。相邻两个写时隙必须要有最少 1 μs 的恢复时间。所有的写时隙(写 0 和写 1)都由拉低总线产生。

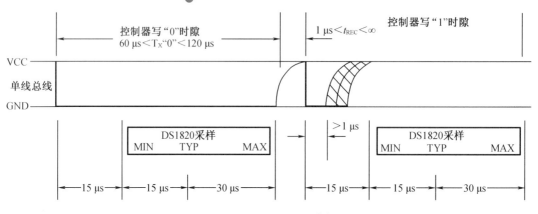

图 8.5.7　DS18B20 写时序图

具体过程如下：

①数据线先置 0 低电平。

②延时 15 μs。

③发送数据(从低位到高位一次只发一位)。

④延时 45 μs。

⑤将数据线置 1 高电平。

⑥重复①~⑤步骤。

⑦整个字节发送完后将数据线置 1 高电平。

(3)读时序

DS18B20 读时序图如图 8.5.8 所示。由图 8.5.8 可以看出,DS18B20 只有在主机发出读时隙后才会向主机发送数据。因此,在发出读暂存器命令[BEh]或读电源命令[B4h]后,主机必须立即产生读时隙以便 DS18B20 提供所需数据。另外,主机可在发出温度转换命令[44h]或 Recall 命令[B8h]后产生读时隙,以便了解操作的状态。

所有的读时隙必须至少有 60 μs 的持续时间。相邻两个读时隙必须要有最少 1 μs 的恢复时间。所有的读时隙都由拉低总线,持续至少 1 μs 后再释放总线(由于上拉电阻的作用,总线恢复为高电平)产生。在主机产生读时隙后,DS18B20 开始发送 0 或 1 到总线上。DS18B20 让总线保持高电平的方式发送 1,以拉低总线的方式表示发送 0。当发送 0 的时候,DS18B20 在读时隙的末期将会释放总线,总线将会被上拉电阻拉回高电平(也是总线空闲的状态)。DS18B20 输出的数据在下降沿(下降沿产生读时隙)产生后 15 μs 后有效。因此,主机释放总线和采样总线等动作要在 15 μs 内完成。

具体过程如下：

①将数据线置 1 高电平。

②延时 2 μs。

③将数据线置 0 低电平。

④延时 6 μs。

⑤将数据线置 1 高电平。

⑥延时 4 μs。

⑦读数据线的状态得到一个状态位"1"或"0",并进行数据处理也就是想办法留住这个

位信息。

⑧延时 30 μs。

⑨重复①~②步骤,直到读取完一个字节,然后把这个字节整理出来。

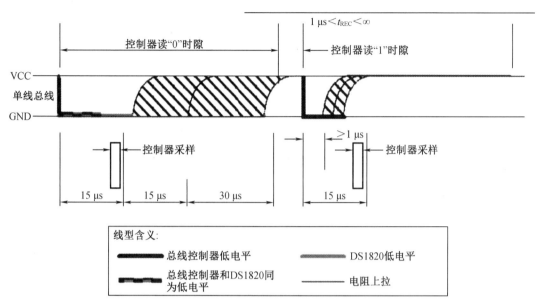

图 8.5.8 DS18B20 读时序图

8.6 I2C 串行总线技术

基于 I2C 的串行总线扩展技术的单片机应用系统,具有硬件简单、更改和扩展灵活、软件编写方便等特点,51 单片机内没有集成 I2C 总线接口模块,但这并不意味着 51 单片机不能与 I2C 总线接口器件或设备进行通信,只要用软件正确地模拟出 I2C 总线的工作时序,51 单片机就可以与 I2C 总线接口器件或设备进行通信,最终使我们的单片机应用系统功能更加强大。AT24C02 芯片是典型的 I2C 总线接口器件,本节将以此种芯片为研究对象,首先介绍 I2C 总线的通信协议,并将该协议具体运用到单片机的 AT24C02 芯片扩展实例中。

8.6.1 I2C 串行总线技术概述

I2C 是 Inter-Integrated Circuit 的缩写。I2C 总线是一种由 Philips 公司开发的串行总线,用于连接微控制器及其外围设备。具有 I2C 接口的设备有微控制器、ADC、DAC、存储器、LCD 控制器、LCD 驱动器以及实时时钟等。

采用 I2C 总线标准的器件,其内部不仅有 I2C 接口电路,而且将内部各单元电路按功能划分为若干相对独立的模块,通过软件寻址实现片选,减少了器件片选线的连接。CPU 不仅能通过指令将某个功能单元挂靠或脱离总线,还可对该单元的工作状况进行检测,从而实现对硬件系统简单而灵活的扩展和控制。I2C 只有两条物理线路:一条串行数据线

（SDA），一条串行时钟线（SCL），其连接方法如图 8.6.1 所示。

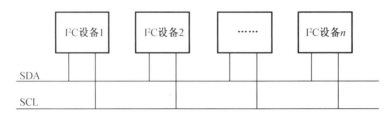

图 8.6.1 I2C 串行总线系统的基本结构

连接到 I2C 总线上的设备分两类：主控设备和从控设备。它们都可以是数据的发送器和接收器，但是数据的接收和发送的发起者只能是主控设备。正常情况下，I2C 总线上的所有从控设备被设置为高阻状态，而主控设备保持高电平，表示空闲状态。

I2C 具有如下特点：

（1）只有两条物理线路，一条串行数据线（SDA），一条串行时钟线（SCL）；

（2）每个连接到总线的器件都可以使用软件根据它的唯一的地址来识别；

（3）传输数据的设备间是简单的主从关系；

（4）主机可以用作主机发送器或主机接收器；

（5）它是一个真正的多主机总线，两个或多个主机同时发起数据传输时，可以通过冲突检测和仲裁来防止数据被损坏；

（6）串行的 8 位双向数据传输，位速率在标准模式下可达 100 kbit/s，在快速模式下可达 400 kbit/s，在高速模式下可达 3.4 Mbit/s。

8.6.2 I2C 串行总线通信协议

1. 起始条件和停止条件

I2C 总线的操作模式为主从模式，即主发送模式、主接收模式、从发送模式和从接收模式。当 I2C 处于从模式时，若要传输数据，必须检测 SDA 线上的起始条件，起始条件由主控设备产生。起始条件在 SCL 保持高电平期间，SDA 处于由高电平向低电平的变化状态，当 I2C 总线上产生了一个起始条件，那么这条总线就被发出起始条件的主控器占用了，变成"忙"状态；而当 SCL 保持高电平期间，SDA 处于由低电平向高电平的变化状态则规定为停止条件，如图 8.6.2 所示。停止条件也是由主控设备产生，当主控器产生一个停止条件，则停止数据传输，总线被释放，I2C 总线变成"闲"状态。

2. 从机地址

当主控器发出一个起始条件后，它还会立即送出一个从机地址，来通知与之进行通信的从器件。一般从机地址由 7 位地址位和 1 位读写标志 R/W 组成，7 位地址占据高 7 位，读写位在最后。读写位是 0，表示主机将要向从机写入数据；读写位是 1，则表示主机将要从从机读取数据。

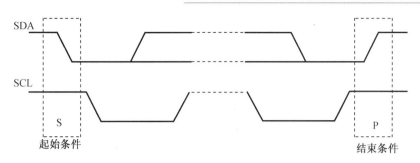

图 8.6.2　I2C 起始条件和停止条件示意图

　　带有 I2C 总线的器件除了有从机地址(Slave Address)外,还可能有子地址。从机地址是指该器件在 I2C 总线上被主机寻址的地址,而子地址是指该器件内部不同部件或存储单元的编址。例如,带 I2C 总线接口的 E2PROM 就是拥有子地址。某些器件(只占少数)内部结构比较简单,可能没有子地址,只有必需的从机地址。与从机地址一样,子地址实际上也是像普通数据那样进行传输的,传输格式仍然是与数据相统一的,区分传输的到底是地址还是数据要靠收发双方具体的逻辑约定。子地址的长度必须由整数个字节组成,可能是单字节(8 位子地址),也可能是双字节(16 位子地址),还可能是 3 字节以上,这要看具体器件的规定。

　　3. 数据传输控制

　　I2C 总线总是以字节(Byte)为单位收发数据,每个字节的长度都是 8 位,每次传送字节的数量没有限制。I2C 总线首先传输的是数据的最高位(MSB),最后传输的是最低位(LSB)。另外,每个字节之后还要跟一个响应位,称为应答。接收器接收数据的情况可以通过应答位来告知发送器。应答位的时钟脉冲仍由主机产生,而应答位的数据状态则遵循"谁接收谁产生"的原则,即总是由接收器产生应答位。主机向从机发送数据时,应答位由从机产生;主机从从机接收数据时,应答位由主机产生。I2C 总线标准规定:应答位为"0",则表示接收器应答(ACK),简记为 A。应答位为"1",则表示非应答(NACK),简记为 A。发送器发送完 LSB 之后,应当释放 SDA 线,以等待接收器产生应答位。当接收器在接收完最后一个字节的数据,或者不能再接收更多的数据时,应当产生非应答来通知发送器。发送器如果发现接收器产生了非应答状态,则应当终止发送。

　　I2C 总线基本数据传输格式根据从机地址可以分为 7 位寻址和 10 位寻址两种数据格式,无子地址的从机地址由 7 位地址位和 1 位读写位构成,称为 7 位寻址方式,其数据格式如图 8.6.3 (a)和图 8.6.4 (a)所示;有子地址的从机地址为 10 位寻址方式,分别有 7 位地址位和 1 位读写位,以及 2 位子地址构成,其数据格式如图 8.6.3(b)和如图 8.6.4(b)所示。

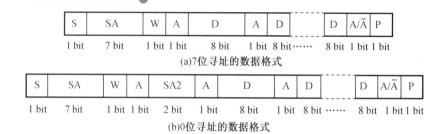

S	SA	W	A	D		A	D	⋯⋯	D	A/Ā	P
1 bit	7 bit	1 bit	1 bit	8 bit		1 bit	8 bit	⋯⋯	8 bit	1 bit	1 bit

(a)7位寻址的数据格式

S	SA	W	A	SA2	A	D		A	D	⋯⋯	D	A/Ā	P
1 bit	7 bit	1 bit	1 bit	2 bit	1 bit	8 bit		1 bit	8 bit	⋯⋯	8 bit	1 bit	1 bit

(b)0位寻址的数据格式

图 8.6.3　主机向从机发送数据的基本格式

S	SA	W	A	D		A	D	⋯⋯	D	A/Ā	P
1 bit	7 bit	1 bit	1 bit	8 bit		1 bit	8 bit	⋯⋯	8 bit	1 bit	1 bit

(a)7位寻址的数据格式

S	SA	R	A	SA2	A	RS	SA	A	D		A	D	⋯⋯	D	A/Ā	P
1 bit	7 bit	1 bit	1 bit	2 bit	1 bit	1 bit	7 bit	1 bit	8 bit		1 bit	8 bit	⋯⋯	8 bit	1 bit	1 bit

(b)10位寻址的数据格式

图 8.6.4　主机从从机接收数据的基本格式

其中：

S:起始位(START),1 位；

RS:重复起始条件,1 位；

SA:从机地址(Slave Address),7 位；

SA2:从机子地址,2 位；

W:写标志位(Write),1 位；

R:读标志位(Read),1 位；

A:应答位(Acknowledge),1 位；

Ā:非应答位(Not Acknowledge),1 位；

D:数据(Data),每个数据都必须是 8 位；

P:停止位(STOP),1 位。

4.数据传输时序图

I2C 总线主机向从机发送 1 个字节数据的时序如图 8.6.5 所示,主机从从机接收 1 个字节数据的时序如图 8.6.6 所示。

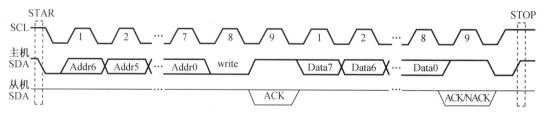

图 8.6.5　主机向从机发送 1 个字节数据的时序图

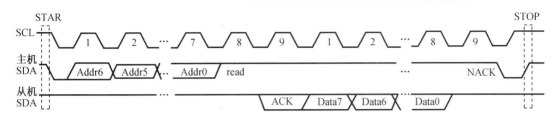

图 8.6.6　主机从从机接收 1 个字节数据的时序图

图 8.6.5 和图 8.6.6 中,SDA 信号线被画成了两个,一个是主机产生的,另一个是从机产生的。实际上主机和从机的 SDA 信号线总是连接在一起的,是同一根 SDA。画成两个 SDA 表示在 I2C 总线上主机和从机的不同行为。

8.6.3　I2C 串行总线 E2PROM 芯片 AT24C02

1. AT24C02 管脚分配

AT24C02 是一个 2K 位串行 CMOS E2PROM,内部含有 256 个 8 位字节。AT24C02 支持 I2C 总线数据传送协议。数据传送是由产生串行时钟和所有起始停止信号的主器件控制的。主器件和从器件都可以作为发送器或接收器,但由主器件控制传送数据(发送或接收)的模式,通过器件地址输入端 A0、A1 和 A2 可以实现将最多 8 个 AT24C02 器件连接到总线上。其管脚分配如图 8.6.7 所示。

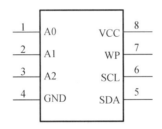

图 8.6.7　AT24C02 管脚分配图

SCL:串行时钟输入管脚,用于产生器件所有数据发送或接收的时钟。

SDA:串行数据/地址管脚,用于器件所有数据的发送或接收,SDA 是一个开漏输出管脚,可与其他开漏输出或集电极开路输出进行线或。

A0、A1、A2:器件地址输入端用于多个器件级联时设置器件地址,当这些脚悬空时默认值为 0。AT24C02 最大可级联 8 个器件,如果只有一个 AT24C02 被总线寻址这三个地址输入脚(A0、A1、A2)必须连接到 GND。

WP:写保护,如果 WP 管脚连接到 VCC,所有的内容都被写保护,只能读;当 WP 管脚连接到 GND 或悬空允许器件进行正常的读/写操作。

2. AT24C02 的存储结构和寻址方式

AT24C02 的存储容量为 2 KB,内容分成 32 页,每页 8 B,共 256 B,操作时有两种寻址方式:芯片寻址和片内子地址寻址。

芯片寻址:AT24C02 的芯片地址为 1010,其地址控制字格式如表 8.6.1 所示。

表 8.6.1　AT24C02 地址控制字格式

1010	A2	A1	A0	R/W

表中 A2,A1,A0 可编程地址选择位。A2,A1,A0 引脚接高、低电平后得到确定的三位编码,与 1010 形成 7 位编码,即为该器件的地址码。R/W 为芯片读写控制位,该位为 0,表示芯片进行写操作。

片内子地址寻址:芯片寻址可对内部 256 B 中的任一个进行读/写操作,其寻址范围为 00~FF,共 256 个寻址单位。

(3)AT24C02 与单片机的接口

AT24C02 的 SCL 和 SDA 分别与单片机的 P3.0 和 P3.1 连接,AT24C02 的 A2、A1、A0、WP 分别接低电平。则 AT24C02 的地址为 0xA0。

8.6.4　单片机模拟 I2C 总线通信原理

单片机模拟 I2C 总线通信时,需要写出如下几个关键的程序:总线初始化、启动信号、应答信号、停止信号、写一个字节、读一个字节。

1.总线初始化

```
void init()                        //总线初始化
{
sd
a=1;
delay();
scl=1;
delay();
}
```

将总线都拉高以释放总线。

2.启动信号

```
void start()                       //开始信号
{
sda=1;                             //SDA 高电平
delay();                           //延时
scl=1;                             //SCL 低电平
delay();                           //延时
sda=0;                             //SDA 一个下降沿信号
delay();                           //延时
}
```

SCL 在高电平期间,SDA 一个下降沿启动信号。

3. 应答信号

```
void respons()                                  //应答
{
uchar i;                                         //无符号字符型 i scl=1;
delay();
while((sda==1)&&(i<250))i++;                      //SDA 有应答或 i 自加超过 250,则
                                                    退出循环 scl=0;
delay();
}
```

SCL 在高电平期间,SDA 被从设备拉为低电平表示应答。

4. 停止信号

```
void stop()                                      //停止
{
sda=0;                                           //SDA 低电平
delay();                                         //延时
scl=1;                                           //SCL 高电平
delay();                                         //延时
sda=1;                                           //SDA 一个上升沿停止信号
delay();                                         //延时
}
```

SCL 在高电平期间,SDA 一个上升沿停止信号。

5. 写一个字节

```
void write_add(uchar address,uchar date)         //写字节
{
start();
write_byte(0xa0);
respons();
write_byte(address);
respons();
write_byte(date);
respons();
stop();
}
```

串行发送一个字节时,需要把这个字节中的 8 位一位一位地发送出去。

6. 读一个字节

```
uchar read_add(uchar address)                    //读字节
{
uchar date; start();
write_byte(0xa0);                                //主机对从器件进行写操作
respons();
write_byte(address);
```

```
respons();
start();
write_byte(0xa1);          //主机对从器件进行读操作
respons();
date=read_byte();
stop();
return date;
}
```

同样地,串行接收一个字节需要将八位一位一位地接收,然后在组成一个字节。

8.7　SPI 串行总线技术

1. SPI 总线概述

串行外设接口(Serial Peripheral Interfacer,SPI)是摩托罗拉公司推出的一种同步串行通信接口,用于微处理器和外围扩展芯片之间的串行连接,现已发展成为一种工业标准,目前,各半导体公司推出了大量的带有 SPI 接口的具有各种功能的芯片,如 RAM、EEPROM、FlashROM、AD 转换器、DA 转换器、LED/LED 显示驱动器、I/O 接口芯片、实时时钟、UART 收发器等,为用户的外围扩展提供了极其灵活而价廉的选择。由于 SPI 总线接口只占用微处理器四个 I/O 接口地址,采用 SPI 总线接口可以简化电路设计,节省很多常规电路中的接口器件和 I/O 口,提高设计的可靠性。

SPI 总线结构由一个主设备和一个或多个从设备组成,主设备启动一个与从设备的同步通信,从而完成数据的交换。SPI 接口由 MISO(主机输入/从机输出数据线)、MOSI(主机输出/从机输入数据线)、SCK(串行移位时钟)、CS(从机使能信号)四种信号构成,CS 决定了唯一的与主设备通信的从设备,如没有 CS 信号,则只能存在一个从设备,主设备通过产生移位时钟来发起通信。通信时,数据由 MOSI 输出,MISO 输入,数据在时钟的上升或下降沿由 MOSI 输出,在紧接着的下降或上升沿由 MISO 读入,这样经过 8/16 次时钟的改变,完成 8/16 位数据的传输。其典型系统框图如图 8.7.1 所示。

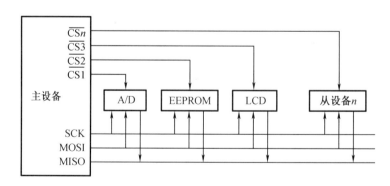

图 8.7.1　SPI 总线典型系统框图

在 SPI 传输中,数据是同步进行发送和接收的,由于数据传输的时钟基于来自主处理器的时钟脉冲,因此 SPI 传输速度大小取决于 SPI 硬件,其波特率最高可以达到 5 Mbit/s。

SPI 总线主要特点如下:

(1)SPI 是全双工通信方式,即主机在发送的同时也在接收数据;

(2)SPI 设备既可以作为主机使用,也可以作为从机工作;

(3)SPI 的通信频率可编程,即传送的速率由主机编程决定;

(4)发送结束中断标志;

(5)数据具有写冲突保护功能;

(6)总线竞争保护等。

(1)SPI 总线的数据传输方式

SPI 是一种高速的,全双工,同步的通信总线。主机和从机都有一个串行移位寄存器,主机通过向它的 SPI 串行寄存器写入一个字节来发起一次传输。寄存器通过 MOSI 信号线将字节传送给从机,从机也将自己的移位寄存器中的内容通过 MISO 信号线返回给主机,如图 8.7.2 所示,两个移位寄存器形成一个内部芯片环形缓冲器。这样,两个移位寄存器中的内容就被交换。外设的写操作和读操作是同步完成的。如果只进行写操作,主机只需忽略接收到的字节;反之,若主机要读取从机的一个字节,就必须发送一个空字节来引发从机的传输。

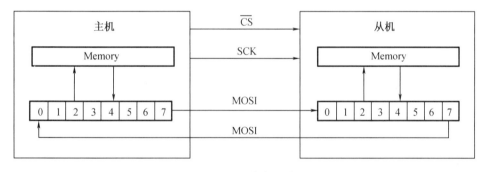

图 8.7.2 SPI 移位寄存器的工作过程

(2)SPI 接口时序

SPI 模块为了和外设进行数据交换,根据外设工作要求,其输出串行同步时钟极性和相位可以进行配置,时钟极性(CPOL)对传输协议没有重大的影响。如果 CPOL=0,串行同步时钟的空闲状态为低电平;如果 CPOL=1,串行同步时钟的空闲状态为高电平。时钟相位(CPHA)能够配置用于选择两种不同的传输协议之一进行数据传输。如果 CPHA=0,在串行同步时钟的第一个跳变沿(上升或下降)数据被采样,SPI 接口时序如图 8.7.3 所示;如果 CPHA=1,在串行同步时钟的第二个跳变沿(上升或下降)数据被采样,SPI 接口时序如图 8.7.4 所示。SPI 主模块和与之通信的外设时钟相位和极性应该一致。

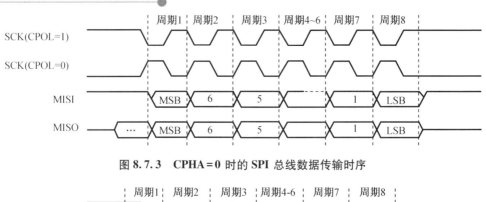

图 8.7.3　CPHA = 0 时的 SPI 总线数据传输时序

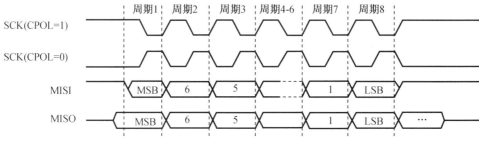

图 8.7.4　CPHA = 1 时的 SPI 总线数据传输时序

8.8　串口通信案例目标的实现

通过学习本章的理论知识,掌握了单片机的各类的通信方式,那么本次的案例,主要是使用多种通信相结合的方式完成室内温度的测量,并用 OLED 屏幕显示出当前室内的温度,同时设置阈值,超过当前的阈值,蜂鸣器进行报警。本次的案例,我们将采用温度传感器 DS18B20、0.96 寸的 OLED 屏幕、蜂鸣器等传感器,具体电路图如图 8.8.1 所示。

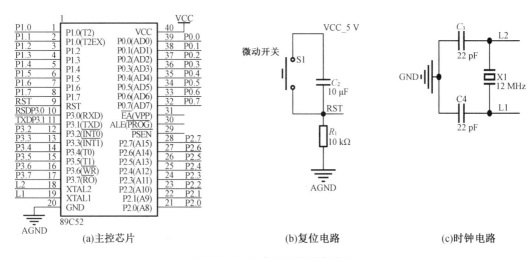

图 8.1.1　室内温度检测电路图

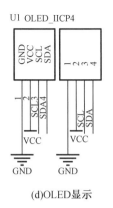 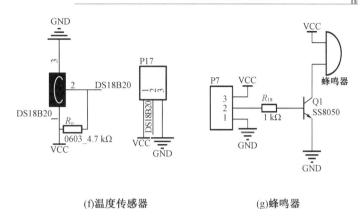

(d)OLED显示   (f)温度传感器   (g)蜂鸣器

图 8.1.1（续）

室内温度检测视频

习题与思考题

1. 单片机通信方式都有哪些?

2. 查阅资料还有哪些传感器采用 SPI 通信?

3. SPI 通信与串口通信哪个优势更大?

4. I_2C 通信有哪些特点?

5. I_2C 通信的优缺点是什么?

6. 什么是硬件 I2C? 什么是软件 I2C?

7. 简述 I2C 数据传输过程。

第9章 A/D 与 D/A 转换接口技术

学习意义

完成本章的学习后,你将能够对什么是模拟量、数字量,两者间是怎么转换的有一个感性的认识和了解,并掌握单片机与 A/D、D/A 转换器的接口和应用。

学习目标

- 了解 A/D 转换器的工作原理及性能指标;
- 掌握 MCS-51 单片机与 ADC0809 的接口技术;
- 掌握 MCS-51 单片机与 ADC0832 的接口技术;
- 掌握 A/D 和 D/A 转换电路的软、硬件设计。

学习指导

仔细阅读所提供的知识内容,查阅相关资料,咨询指导教师,完成相应的学习目标。确保自己在完成本章学习后你想到的问题都能够得到解答。

学习准备

复习、回忆你所学过的单片机技术基础知识,查阅相关资料,了解它们的应用。

学习案例

本章主要学习单片机的 AD 与 DA 转换接口技术,了解什么是模拟量和数字量,学会熟练使用 AD 或 DA 转换芯片。本章要做的实例是烟雾传感器和二氧化碳传感器通过 ADC0832 传感器传递给单片机,单片机将采集到的数据经过处理传递给屏幕,在 OLED 屏幕上显示当前的烟雾浓度和二氧化碳浓度,电路图如图 9.0.1 所示。本章涉及的实验资料二维码如图 9.0.2 所示。

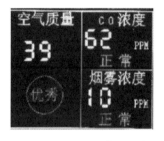

图 9.0.1　OLED 屏幕显示浓度

图 9.0.2　实验资料二维码

9.1 A/D 和 D/A 转换器

9.1.1 ADC0804 转换器应用

随着数字技术,特别是信息技术的飞速发展与普及,在现代控制、通信及检测等领域,为了提高系统的性能指标,对信号的处理广泛采用了数字计算机技术。由于系统的实际对象往往都是一些模拟量(如温度、压力、位移、图像等),要使计算机或数字仪表能识别、处理这些信号,必须首先将这些模拟信号转换成数字信号;而经计算机分析、处理后输出的数字量也往往需要将其转换为相应模拟信号才能为执行机构所接受。因此,A/D 和 D/A 转换器产生了。D/A 转换器在实际电路中应用很广,它不仅常作为接口电路用于微机系统,而且还可利用其电路结构特征和输入、输出电量之间的关系构成数控电流源、电压源、数字式可编程增益控制电路和波形产生电路等。

1. 模拟量和数字量

在时间上或数值上都是连续的物理量称为模拟量。如温度、压力、流量、速度等都是模拟量。在时间上和数量上都是离散的物理量称为数字量。单片机内部运算时全部用的是数字量,即 0 和 1,使用单片机时如何识别模拟量呢? 需要模拟量转化为数字量。一般来说,模拟量也可以是压力、温度、湿度、位移、声音等非电信号。在 A/D 转换前,输入到 A/D 转换器的输入信号必须经各种传感器把各种物理量转换成电压信号或电流信号,再转换成数字量,才能在单片机中处理。对单片机而言,可以用 0 和 1 组成二进制代码近似表示信号的大小。如我们可以用 5 位二进制数字量(取值范围 00000~11111)来表示一个模拟量,可以组合成 $2^5 = 32$ 种不同大小数,那么分度值就相当于这个模拟量/32,但是最小分度内部的数就无法表示。所以二进制位数越多用数字量表示模拟量就越精确。单片机采集模拟信号时,通常在前端加上模拟量/数字量转换器,即 A/D(Analog to Digital)转换器。单片机在输出模拟信号时,通常在后端加数字量/模拟量转换器,即 D/A(Digital to Analog)转换器。简单地说:

A/D 转换器(ADC):模拟量→数字量的器件。

D/A 转换器(DAC):数字量→模拟量的器件。

目前性能高级的单片机自带 A/D 和 D/A 功能,如 STC15 系列单片机。

2. A/D 转换器分类

随着超大规模集成电路制造技术的飞速发展,大量结构不同、性能各异的 A/D 转换芯片应运而生。根据转换原理可将 A/D 转换器分成两大类,具体分类如图 9.1.1 所示。

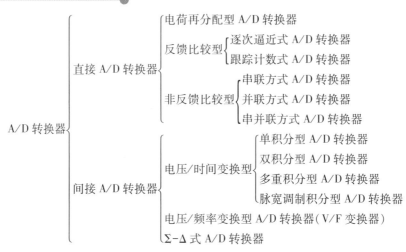

图 9.1.1　A/D 转换器分类

3. 常见的 A/D 转换器工作原理

(1)积分型(如 TLC7135)

积分型 A/D 转换器的工作原理是将输入电压转换成时间(脉冲宽度信号)或频率(脉冲频率),然后由定时器/ 计数器获得数字值。其优点是用简单电路就能获得高分辨率,缺点是由于转换精度依赖于积分时间,因此转换速率极低。初期的单片 A/D 转换器大多采用积分型,现在逐次比较型已逐步成为主流。

(2)逐次比较型(如 TLC0831、ADC0804)

逐次比较型 A/D 转换器由一个比较器和 D/A 转换器通过逐次比较逻辑构成,从 MSB(最高位)开始,顺序地对每一位将输入电压与内置 D/A 转换器输出进行比较,经 n 次比较而输出数字值。其电路规模属于中等。其优点是速度较高、功耗低,在低分辨率(<12 位)时价格低,但高精度(>12 位)时价格很高。逐次比较型转换器精度、速度和价格都适中,是最常用的 A/D 转换器件。本案例中使用 ADC0804 作为 A/D 芯片,属于逐次比较型。现对逐次比较型 ADC 的转换原理做进一步介绍,如图 9.1.2 所示。

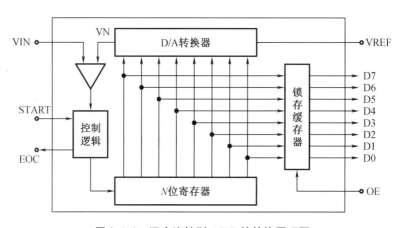

图 9.1.2　逐次比较型 ADC 的转换原理图

逐次逼近法转换过程是:初始化时将逐次逼近寄存器各位清零;转换开始时,先将逐次逼近寄存器最高位置 1,送入 D/A 转换器,经 D/A 转换后生成的模拟量送入比较器,称为 VN,与送入比较器的待转换的模拟量 VIN 进行比较,若 VN<VIN,该位 1 被保留,否则被清除。然后再置逐次逼近寄存器次高位为 1,将寄存器中新的数字量送 D/A 转换器,输出的 VN 再与 VIN 比较,若 VN<VIN,该位 1 被保留,否则被清除。重复此过程,直至逼近寄存器最低位。转换结束后,将逐次逼近寄存器中的数字量送入缓冲寄存器,得到数字量的输出。逐次逼近的操作过程是在一个控制电路的控制下进行的。(注意 A/D 芯片一般内部含有 D/A 转换器,大家可以在学 A/D 之前先了解一下 D/A 原理)

③压频变换型(如 AD650)

压频变换型(Voltage-Frequency Converter)是通过间接转换方式实现模数转换的。其原理是首先将输入的模拟信号转换成频率,然后用计数器将频率转换成数字量。从理论上讲这种 A/D 的分辨率几乎可以无限增加,只要采样的时间能够满足输出频率分辨率要求的累积脉冲个数的宽度。其优点是分辨率高、功耗低、价格低,但是需要外部计数电路共同完成 A/D 转换。

4. 模/数转换器(ADC)的主要性能参数

(1)分辨率

ADC 的分辨率是指使输出数字量变化一个相邻数码所需输入模拟电压的变化量。常用二进制的位数表示。例如, 12 位 ADC 的分辨率就是 12 位,或者说分辨率为满刻度的 $1/2^{12}$。一个 10 V 满刻度的 12 位 ADC 能分辨输入电压变化最小值是 10 V×$1/2^{12}$ = 10 V×1/4 096 = 2.4 mV。一般来说,A/D 转换器的位数越多,其分辨率则越高。

(2)量化误差

ADC 把模拟量变为数字量,用数字量近似表示模拟量,这个过程称为量化。量化误差是 ADC 的有限位数对模拟量进行量化而引起的误差。实际上,要准确表示模拟量,ADC 的位数需很大甚至无穷大。在 A/D 转换中由于量化会产生固有误差,量化误差在±1/2LSB(最低有效位)之间。

例如:一个 8 位的 A/D 转换器,它把输入电压信号分成 2^8 = 256 层,若它的量程为 0~5 V,那么, 量化单位 q 为

$$q = \frac{5.0 \text{ V}}{256} \approx 0.019 \text{ 5 V} = 19.5 \text{ mV}$$

q 正好是 A/D 输出的数字量中最低位 LSB = 1 时所对应的电压值。因而,这个量化误差的绝对值是转换器的分辨率和满量程范围的函数。

(3)转换速率

转换速率(Conversion Rate)是指完成一次从模拟转换到数字的 A/D 转换所需的时间的倒数。积分型 A/D 的转换时间是毫秒级属低速 A/D,逐次比较型 A/D 是微秒级属中速 A/D,全并行/串并行型 A/D 可达到纳秒级。采样时间则是另外一个概念,是指两次转换的间隔。为了保证转换的正确完成,采样速率 (Sample Rate) 必须小于或等于转换速率。因此,有人习惯上将转换速率在数值上等同于采样速率也是可以接受的。常用单位是 ksps 和 Msps,表示每秒采样千/百万次(kilo / Million Samples per Second)。

（4）绝对精度

在一个转换器中，任何数码所对应的实际模拟量输入与理论模拟输入之差的最大值，称为绝对精度。对于 ADC 而言，可以在每一个阶梯的水平中点进行测量，它包括了所有的误差。

（5）相对精度

实际转换值和理想特性之间的最大偏差。对于 A/D，指的是满度值校准以后，任一数字输出所对应的实际模拟输入值（中间值）与理论值（中间值）之差。例如，对于一个 8 位 0~+5 V 的 A/D 转换器，如果其相对误差为 1LSB，则其绝对误差为 19.5 mV，相对误差为 0.39%。

5. 工作电压和基准电压

选择使用单一+5 V 工作电压的芯片，与单片机系统共用一个电源比较方便。基准电压源是提供给 A/D 转换器在转换时所需的参考电压，在要求较高精度时，基准电压要单独用高精度稳压电源供给。

6. ADC0804 介绍

ADC0804 是一个早期的 A/D 转换器如图 9.1.3 所示。因其价格低廉而在要求不高的场合得到广泛应用。ADC0804 是一个 8 位、单通道、低价格 A/D 转换器，主要特点是：分辨率：$1/2^8 \times 5 = 1/256 \times 5 = 0.019\ 53$，量化后的值介于 0~255 之间；转换误差：0.019 53 V；转换频率：$1/(1.1 \times R \times C)$ 单位：kHz；模数转换时间大约 100 μs；方便的 TTL 或 CMOS 标准接口；可以满足差分电压输入；具有参考电压输入端；内含时钟发生器；单电源工作时（0~5 V）输入信号电压范围是 0~5 V；不需要调零等。

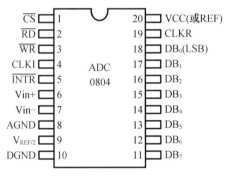

图 9.1.3　ADC0804 引脚图

所有引脚定义如下：

（引脚 1）：$\overline{CS}$，片选信号。低电平有效，高电平时芯片不工作。

（引脚 2）：$\overline{RD}$，外部读数据控制信号。此信号低电平时 ADC0804 把转换完成的数据加载到 DB 口。

（引脚 3）：$\overline{WR}$，外部写数据控制信号。此信号的上升沿可以启动 ADC0804 的 A/D 转换过程。

（引脚 4）：CLKI，时钟输入引脚。ADC0804 使用 RC 振荡器作为 A/D 时钟，CLKI 是振动器的输入端。

（引脚 5）：$\overline{\text{INTR}}$，转换结束输出信号。ADC0804 完成一次 A/D 转换后，此引脚输出一个低脉冲。对单片机可以称为中断触发信号。

（引脚 6）：Vin(+)，输入信号电压的正极。

（引脚 7）：Vin(-)，输入信号电压的负极。可以连接到电源地。

（引脚 8）：AGND，模拟电源的地线。

（引脚 9）：$V_{\text{REF}/2}$，参考电源输入端。参考电源取输入信号电压（最大值）的二分之一。例如输入信号电压是 0~5 V 时，参考电源取 2.5；输入信号电压是 0~4 V 时，参考电源取 2.0 V。

（引脚 10）：DGND，数字电源的地线。

（引脚 11~引脚 18）：$DB_8 \sim DB_0$，数字信号输出口，连接单片机的数据总线。

（引脚 19）：CLK R，时钟输入端。

（引脚 20）：VCC 5 V，电源引脚。

说明：CLKI（引脚 4）和 CLKR（引脚 19）：ADC0801~ADC0805 片内有时钟电路，只要在外部"CLKI"和"CLKR"两端外接一对电阻电容即可产生 A/D 转换所要求的时钟。其典型应用参数为：$R = 10 \text{ k}\Omega$，$C = 150 \text{ pF}$，$f_{\text{CLK}} \approx 640 \text{ kHz}$，转换速度为 100 μs。

模数转换器 ADC0804 的工作过程：数字芯片在操作时首先要分析它的时序图。ADC0804 的 A/D 启动转换时序图如图 9.1.4 所示。

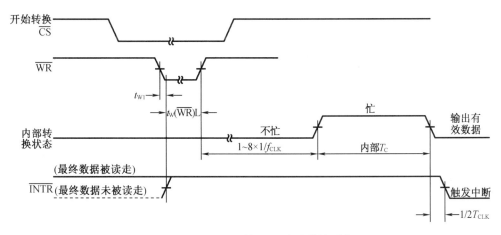

图 9.1.4　ADC0804 的 A/D 启动转换时序

由图 9.1.4 可知，$\overline{\text{CS}}$ 先拉低，$\overline{\text{WR}}$ 随后拉低，至少经历 t_{W} 时间后，再将 $\overline{\text{WR}}$ 拉高，随后启动 A/D 转换，经过不忙和忙过程后，转换完成，同时 INTR 自动变为低电平。

在 A/D 转换结束以后，ADC0804 的引脚将给出一个低脉冲，如果把这个引脚直接连接到单片机的外部中断引脚 P3.2 或 P3.3，这个低脉冲将引起单片机中断，单片机可以在中断处理程序中读取 ADC0804 的转换结果。如果再启动 A/D 转换，可以循环下去。

由图 9.1.5 可知，$\overline{\text{INTR}}$ 变为低电平后，我们可以将 $\overline{\text{CS}}$ 拉低，再将 $\overline{\text{RD}}$ 拉低，至少经过 t_{ACC} 时间后，就会读走数据，然后拉高 $\overline{\text{RD}}$，$\overline{\text{CS}}$。INTR 会自动变高。$\overline{\text{CS}}$ 片选可以一直拉低。

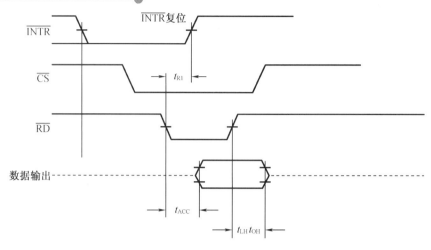

图 9.1.5　ADC0804 读取数据时序图

ADC0804 操作过程可以用表 9.1.1 描述。

表 9.1.1　ADC0804 操作过程描

功能	控制端				说明
	$\overline{CS}$	$\overline{WR}$	$\overline{RD}$	$\overline{INTR}$	
对输入模拟信号进行 A/D 变换	0	⎍			在 $\overline{WR}$ 上升沿后约 100 μs 变换完成
读出输出数字信号	0		⎍		$\overline{RD}=0$ 时三态门接通外部总线，$\overline{RD}=1$ 时三态门处于高阻态
中断请求				⌐L	当 A/D 变换结束时，$\overline{INTR}$ 自动变低以便通知其他设备（如计算机）取结果，在 $\overline{RD}$ 前沿后 $\overline{INTR}$ 自动变更

9.1.2　DAC0832 转换器应用

1. D/A 转换原理

现通过权电阻网络说明 D/A 转换原理。对于有权码，先将每位代码按其权的大小转换成相应的模拟量，然后将这些模拟量相加，即可得到与数字量成正比的总模拟量，从而实现了数字/模拟转换。分辨率表明 DAC 对模拟量的分辨能力，它是最低有效位（LSB）所对应的模拟量，它确定了能由 D/A 产生的最小模拟量的变化。

（1）分辨率与输入数字量的位数有确定的关系，可以表示成 $FS/2^n$。FS 表示满量程输入值，n 为二进制位数。对于 5 V 的满量程，采用 8 位的 DAC 时，分辨率为 5 V/256 = 19.5 mV；当采用 12 位的 DAC 时，分辨率则为 5 V/4 096 = 1.22 mV。显然，位数越多分辨率就越高。

（2）线性误差 D/A 的实际转换值偏离理想转换特性的最大偏差与满量程之间的百分比称为线性误差。

（3）建立时间。

建立时间指输入数字量变化时,输出电压变化到相应稳定电压值所需的时间,也可以指当输入的数字量发生满刻度变化时,输出电压达到满刻度值的误差范围±1/2LSB 所需的时间。它是描述 D/A 转换速率的一个动态指标。电流输出型 DAC 的建立时间短。电压输出型 DAC 的建立时间主要决定于运算放大器的响应时间。根据建立时间的长短,可以将 DAC 分成超高速（<1 μs）、高速（10~1 μs）、中速（100~10 μs）、低速（≥100 μs）几档。

（4）绝对精度和相对精度。

绝对精度（简称精度）是指在整个刻度范围内,任一输入数码所对应的模拟量实际输出值与理论值之间的最大误差。绝对精度是由 DAC 的增益误差（当输入数码为全 1 时,实际输出值与理想输出值之差）、零点误差（数码输入为全 0 时,DAC 的非零输出值）、非线性误差和噪声等引起的。绝对精度（即最大误差）应小于 1 个 LSB。相对精度与绝对精度表示同一含义,用最大误差相对于满刻度的百分比表示。

（5）输出电平。

不同型号的 D/A 转换器的输出电平相差较大,一般为 5~10 V,有的高压输出型的输出电平高达 24~30 V。

2. DAC0832 介绍

DAC0832 是一个 8 位 D/A 转换器芯片,单电源供电,从+5~+15 V 均可正常工作,基准电压的范围为±10 V,电流建立时间为 1 μs,CMOS 工艺,低功耗 20 mW。其内部结构如图9.1.6 所示,它由 1 个 8 位输入寄存器、1 个 8 位 DAC 寄存器和 1 个 8 位 D/A 转换器组成,各引脚排列如图 9.1.7 所示。

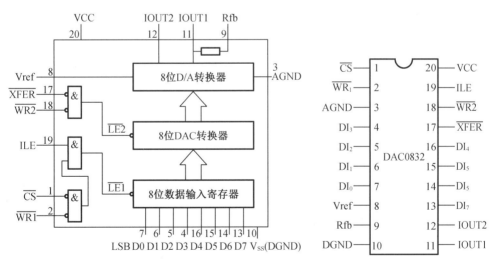

图 9.1.6　DAC0832 的内部结构图　　　　图 9.1.7　DAC0832 引脚图

该 D/A 转换器为 20 引脚双列直插式封装,各引脚含义如下:

（1）D7~D0——转换数据输入。

（2）$\overline{CS}$——片选信号（输入）,低电平有效。

（3）ILE——数据锁存允许信号（输入）,高电平有效。

（4）WR1——第一信号（输入），低电平有效。该信号与 ILE 信号共同控制数据输入寄存器是数据直通方式还是数据锁存方式：当 ILE = 1 和 $\overline{CS}$ = 0 时，$\overline{WR1}$ = 0 时，LE1 = 0 输入寄存器为直通方式；当 ILE = 1 和 $\overline{WR1}$ = 1 时，为输入寄存器锁存方式。

（5）WR2——第 2 写信号（输入），低电平有效。该信号与信号 $\overline{XFER}$ 合在一起控制 DAC 寄存器是数据直通方式还是数据锁存方式：当 $\overline{WR2}$ = 0 和 $\overline{XFER}$ = 0 时，为 DAC 寄存器直通方式（允许 D/A 转换）；否则，DAC 寄存器为锁存方式。

（6）XFER——数据传送控制信号（输入），低电平有效 。

（7）IOUT2——电流输出"1"。当数据为全"1"时，输出电流最大；当数据为全"0"时，输出电流最小。

（8）IOUT2——电流输出"2"。DAC 转换器的特性之一是：IOUT1+IOUT2 = 常数。

（9）Rfb——反馈电阻端，即运算放大器的反馈电阻端，电阻（15 kΩ）已固化在芯片中。因为 DAC0832 是电流输出型 D/A 转换器，为得到电压的转换输出，使用时需在两个电流输出端接运算放大器，Rfb 即为运算放大器的反馈电阻。

（10）Vref——基准电压，是外加高精度电压源，与芯片内的电阻网络相连接，该电压可正可负，范围为−10～+10 V。

（11）VCC——源电压（+5～+15 V）。

（12）DGND——数字地。

（13）AGND——模拟地。

DGND 可与 AGND 接在一起使用。DAC0832 输出的是电流，一般要求输出是电压，所以还必须经过一个外接的运算放大器转换成电压。

①DAC0832 工作方式。

DAC0832 利用 $\overline{WR}$、$\overline{WR2}$、ILE、$\overline{XFER}$ 控制信号可以构成三种不同的工作方式。

a. 直通方式——$\overline{WR1}$ = $\overline{WR2}$ = 0 时，数据可以从输入端经两个寄存器直接进入 D/A 转换器。连接图如图 9.1.8 所示。

b. 单缓冲方式——两个寄存器之一始终处于直通，即 $\overline{WR1}$ = 0 或 $\overline{WR2}$ = 0，另一个寄存器处于受控状态，也可以将 $\overline{XFER}$ 与 $\overline{CS}$ 接在一起，$\overline{WR1}$ 与 $\overline{WR2}$ 接 8051 的 $\overline{WR}$。此方式适用于只有一路模拟量输出，或几路模拟量输出但并不要求同步的系统。连接图如图 9.1.9 所示。

c. 双缓冲方式——两个寄存器均处于受控状态。这种方式适合于多模拟信号同时输出的应用场合。多路 D/A 转换输出，如果要求同步进行，就应该采用双缓冲器同步方式。连接图如图 9.1.10 所示。

②DAC0832 操作时序图如图 9.1.11 所示。

由图可知，DAC0832 操作非常简单，当 $\overline{CS}$ 拉低后，数据总线上数据就开始有效，然后将 $\overline{WR}$ 拉低，从 IOUT 线就可看到，$\overline{WR}$ 经过 t s 后 D/A 转换结束，IOUT 输出稳定电流。连续转换只需要改变输入数据，当不要求转换时将 $\overline{WR}$ 和 $\overline{CS}$ 拉高即可。

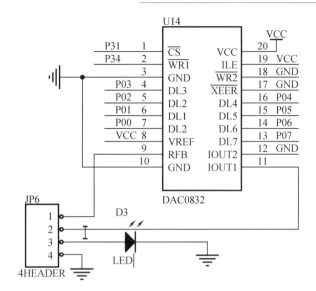

图 9.1.8 DAC0832 直通方式与单片机连接图

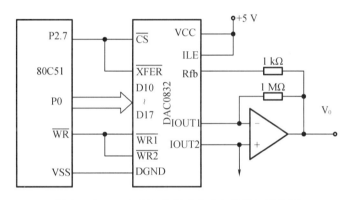

图 9.1.9 DAC0832 单缓冲方式与单片机连接图

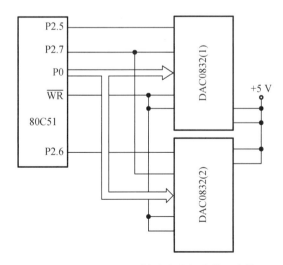

图 9.1.10 DAC0832 双缓冲方式与单片机连接图

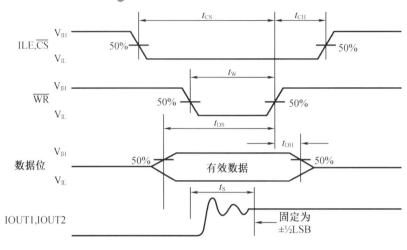

图 9.1.11　DAC0832 芯片操作时序图

9.2　A/D 转换案例目标的实现

　　通过本章的理论学习,掌握了模拟量转换为数字量,数字量转换模拟量,那么在实际的应用中要学会如何使用,本次的案例就是利用两个采集模拟量的模块,烟雾传感器和二氧化碳传感器,通过传感器采集当前的浓度,通过 ADC0832 模块,将采集的模拟量转换为数字量传递给单片机,单片机识别处理后,在传递给屏幕,屏幕显示当前的烟雾浓度和二氧化碳浓度。同时在设置阈值,超过当前的阈值,蜂鸣器进行报警。具体电路图如下图 9.2.1 所示。

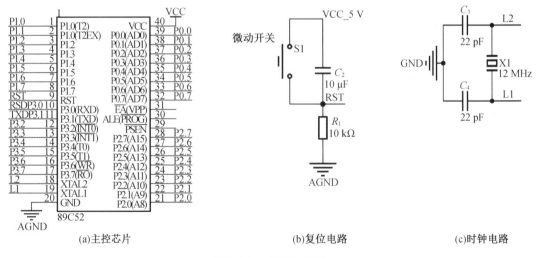

图 9.2.1　硬件电路图

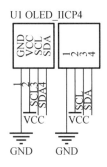

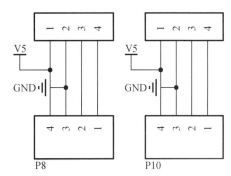

(d)OLED显示

图 9.2.1(续)

A/D 转换实验视频

习题与思考题

1. AD/DA 转换芯片都有哪些?

2. ADC0832 的精度是多少,还有没有比它精度更高的芯片?

3. ADC 转换器的主要技术指标都有哪些?

第 10 章 51 单片机应用系统设计

学习意义

单片机应用系统是为完成某项任务而研制开发的用户系统,是以单片机为核心以外围电路和软件完成设定任务、功能的实际应用系统。一个单片机应用系统还涉及很多复杂的内容与问题。本章将对单片机系统的基本结构、设计过程进行简单介绍。

学习目标

- 了解单片机应用系统的组成;
- 了解单片机应用系统软件设计的原则;
- 熟悉单片机应用系统的设计过程;
- 掌握单片机应用系统的基本结构。

学习指导

仔细阅读所提供的知识内容,查阅相关资料,咨询指导教师,完成相应的学习目标。确保在完成本章学习后你想到的问题都能够得到解答。

学习准备

复习、回忆你所学过的 51 单片机的基本结构以及并行 I/O 口的基础知识,查阅相关资料,掌握 51 单片机应用系统设计的方法。

学习案例

设计一个简易型的红外遥控系统 ,以 MCS-51 单片机为核心,利用红外线通信协议对数据进行发送和接收。红外一体化接收管按照红外线通信协议对接收到的数据进行解码接收;并通过数码管进行数据显示。接收管将接收到的红外信号转变为电信号,经过滤波处理并进行相应的解码。实物图及本章涉及实验资料如图 10.0.1 和图 10.0.2 所示。

图 10.0.1　实物图　　　　图 10.0.2　实验资料包二维码

10.1 单片机应用系统设计

10.1.1 单片机应用系统的硬件结构

1.单片机应用系统的硬件结构

单片机主要用于工业控制。典型的单片机应用系统应包括单片机系统和被控对象。如图10.1.1所示。其中单片机系统包括通常的存储器扩展、显示器键盘接口;被控对象与单片机之间除了包括测控输入通道和伺服控制输出通道,还包括相应的专用功能接口芯片。

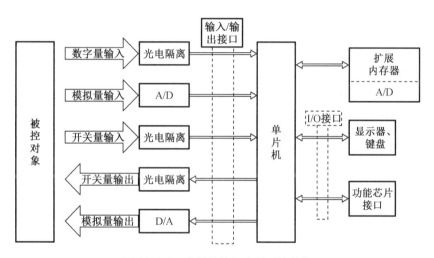

图10.1.1 典型单片机应用系统结构

在单片机系统中,单片机是整个系统的核心,对整个系统的信息输入、处理、输出进行控制。与单片机配套的有复位电路、时钟电路以及扩展的存储器和I/O接口电路,使单片机应用系统能够顺利运行。

在单片机应用系统中,往往都会输入信息和显示信息,这就要求配置相应的键盘和显示器。其中,显示器可以是LED指示灯,也可以是LED数码管和LCD显示器,还可以使用CRT显示器;键盘一般用得比较多的是矩阵键盘,显示器用得比较多的是LED数码管和LCD显示器。

2.输入通道和输出通道

单片机系统的输入通道用于检测输入信息。来自被控对象的信息有多种,按物理量的特征可分为模拟量、数字量和开关量3种。

对于数字量的采集,输入比较简单。它们可直接作为计数输入、测试输入、I/O口输入或中断源输入进行事件计数、定时计数等,以实现脉冲的频率、周期、响应及计数测量。对于开关量的采集,一般通过I/O口线直接输入。但一般被控对象都是交变电流、交变电压和大电流系统。而单片机系统属于数字弱电系统,因此在数字量和开关量采集通道中要用隔离器进行隔离(如光耦合器件)。

对于模拟量的采集,相对于数字量来说要复杂一些,被控对象的模拟信号有电信号,如电压、电流、电磁量等;也有非电量信号,如温度、湿度、压力、流量、位移量等。对于非电信号,一般都要先通过传感器转换成电信号,再通过隔离放大、滤波、采样保持,最后通过 A/D 转换送给单片机。

伺服控制的输出通道用于对被控对象进行控制。作用于被控对象的控制信号通常有开关量控制信号和模拟量控制信号两种。其中,开关量控制信号的输出比较简单,只需采用隔离器件进行隔离和电平转换;模拟控制信号输出需要进行 A/D 转换、隔离放大和隔离驱动等。

3. 功能接口芯片

功能接口芯片是专门用于控制某个方面的芯片,不同的单片机应用系统,所需芯片可能不一样。通过专门的控制芯片能达到简化硬件系统的设计、减轻软件编程的负担、减少开发的时间及降低开发成本的目的。在设计单片机应用系统时,应多注意各种各样的功能接口芯片。

10.1.2　单片机应用系统的设计过程

对于单片机系统的设计,由于控制对象不同,其硬件和软件结构有很大差异,但系统设计的基本内容和主要步骤是相同的。在设计单片机控制系统时,一般需要考虑以下几个方面。

1. 确定系统的设计任务

在进行系统设计之前,首先必须进行设计方案的调研,包括查找资料、进行调查、分析研究。要充分了解委托研制单位提出的技术要求、使用的环境状况和技术水平。明确任务,确定系统的技术指标,包括系统必须具备哪些功能,这是系统设计的依据和出发点,它将贯穿于系统设计的全过程,也是整个研制工作成败、好坏的关键,因此必须认真做好这项工作。

2. 系统方案设计

在系统的设计任务和技术指标确定之后,即可进行系统的总体方案设计,一般包括以下两个方面。

(1)机型及支持芯片的选择。机型选择应适合于产品的要求。设计人员可大体了解市场所能提供的构成单片机系统的功能部件,根据要求进行选择。若作为系统生产的产品,则所选的机种必须要保证有稳定、充足的资源,从可提供的多种机型中选择最易实现技术指标的机型,如字长、指令系统、执行速度、中断功能等。若要求研制周期短,则应选择熟悉的机种,并尽量利用现有的开发工具。

(2)综合考虑软件、硬件的分工与配合。在方案设计阶段要认真考虑软硬件的分工与配合。考虑的原则是:软件能实现的功能尽量用软件实现,以简化硬件结构,还可降低成本。但必须注意:这样做势必增加软件设计的工作量。此外,由软件实现的功能,其响应时间要比直接用硬件时间长,而且还占用较多的 CPU 的工作时间。另外还要考虑功能接口芯片。因此,在设计系统时必须综合考虑这些因素。

3. 系统详细设计与制作

系统详细设计与制作就是将前面的系统方案付诸实施,将硬件框图转化为具体电路,并制作成电路板,画出软件框图或流程图,用程序加以实现。

4. 系统调试与修改

当硬件和软件设计好后,就可以进行调试了。硬件电路的检查可分为静态检查和动态检查两步。其中,硬件的静态检查主要是电路制作的正确性,因此,一般无须借助开发器;动态检查是在开发系统上进行的。首先把开发系统的仿真头连接到产品中,代替系统的单片机,然后向开发产品输入各种诊断程序,检查系统中的各部分工作是否正常,做完上述检查即可进行软硬件连调。先将各模块程序分别调试完毕,再进行连接,连成一个完整的系统应用软件,待一切正常后,即可将程序固化到程序存储器中,此时即可脱离开发系统进行脱机运行,并到现场进行调试,考验系统在实际应用环境中是否能正常、可靠地工作,同时检查其功能是否达到技术指标的要求,如果某些功能还未达到要求,则再对系统进行修改,直至满足要求。系统调试流程图如图10.1.2所示。

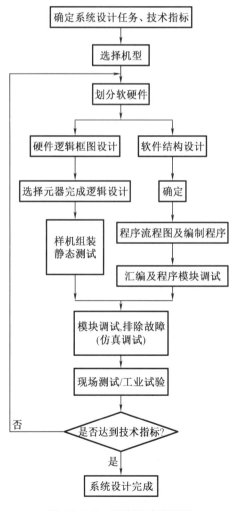

图 10.1.2　系统调试流程图

10.2 单片机应用系统的软、硬件设计

10.2.1 软件设计的原则及特点

一个应用系统中的软件一般是由系统监控程序和应用程序两部分构成的。其中,应用程序是用来完成如测量、计算、显示、打印、输出控制等各种实质性功能的软件;系统监控程序是控制单片机系统按预定操作方式运行的程序,它负责组织调度各应用程序模块,完成系统自检、初始化、处理键盘命令、处理接口命令、处理条件触发和显示等功能。

设计软件时,应根据软件的功能要求,将软件分成若干个相对独立的部分,并根据它们之间的联系和时间上的关系,设计出软件的总体结构,画出程序流程框图。画流程框图时,要求框图结构清晰、简洁、合理,使编制的各功能程序实现模块化、子程序化。这不仅便于调试、连接,还便于修改和移植。合理地划分程序存储区和数据存储区,既能节省内存容量,也使操作简便。指定各模块占用 MCS-51 单片机的片内 RAM 中的工作寄存器和标志位(安排在 20H~2FH 位寻址区域),让各功能程序的运行状态、运行结果及运行要求都设置状态标志以便查询,使程序的运行、控制、转移都可通过标志位的状态来控制,还要估算子程序和中断嵌套的最大级数,用以估算程序中的栈区范围。此外,还应把使用频繁的数据缓冲器尽量设置在片内 RAM 中,以提高系统的工作速度。

应用系统中的软件是根据系统的功能设计的,应可靠地实现系统的各种功能。应用系统种类繁多,应用软件各不相同,但是一个优秀的应用系统的软件应具有以下特点:

(1)软件结构清晰、简洁,流程合理。

(2)各功能程序实现模块化、系统化。这样,既便于调试和连接,又便于移植、修改和维护。

(3)程序存储区、数据存储区规划合理,既能节约存储容量,又能给程序设计与操作带来方便。

(4)运行状态实现标识化管理。各个功能程序的运行状态、运行结果及运行需求都设置状态标志以便查询,程序的转移、运行、控制都可以通过状态标志来控制。

(5)经过调试修改后的程序应进行规范化,除去修改"痕迹"。规范化的程序便于交流、借鉴,也为今后的软件模式化、标准化打下基础。

(6)实现全面软件抗干扰设计,软件抗干扰设计是计算机应用系统提高可靠性的有力措施。

(7)为了提高运行的可靠性,在应用软件中设置自诊断程序。在系统运行前先运行自诊断程序,用以检查系统的各特征参数是否正常。

10.2.2 软件设计的资源分配

合理地分配资源对软件的正确编写起着很重要的作用。一个单片机应用系统的资源主要分为片内资源和片外资源。其中,片内资源是指单片机内部的中央处理器、程序储存

器、数据储存器、定时器/计数器、中断、串行口、并行口等。不同的单片机芯片,当其内部资源不够时,就需要有片外扩展。

在这些资源分配中,定时器/计数器、中断、串行口等分配比较容易,这里主要介绍程序存储器和数据存储器的分配。

1. 程序存储器 ROM/EPROM 资源的分配

程序存储器 ROM/EPROM 用于存放程序和数据表格。按照 MSC-51 单片机的复位入口及中断入口的规定,002FH 以前的地址单元作为中断、复位入口地址区。在这些单元中,一般都设置了转移指令,如 AJMP 或 LJMP 用于转移到相应的中断服务程序或复位启动程序。当程序存储器中存放的功能程序及子程序数量较多时,应尽可能为它们设置入口地址表。一般地,常数、表格集中设置在表格区,二次开发、扩展部分尽可能放在高位地址区。

2. 数据 RAM 资源分配

RAM 分为片内 RAM 和片外 RAM。其中,片外 RAM 的容量较大,通常用来存放批量较大的数据,如采样结果数据;片内 RAM 容量较小,应尽量重叠使用,比如数据暂存区与显示、打印缓冲区重叠。对于 MSC-51 单片机,片内 RAM 是指 00H~7FH 单元,这 128 个单元的功能并不完全相同,分配时应注意发挥各自的特点,做到物尽其用。

RAM 按其用途可划分为工作寄存器区(00H~1FH)、位寻址区(20H~2FH)和用户区(30H~7FH)3 个区域。其中 ,00H~1FH 共 32 个单位为工作寄存器区。

(1)工作寄存器区。工作寄存器也称通用寄存器区,用于临时寄存 8 位信息。工作寄存器分为 4 组,每组都有 8 个寄存器,用 R0~R7 表示。程序中每次只用一组,其他各组可以作为一般的数据缓冲区使用。使用哪一组寄存器工作由 PSW 中的 PSW.3(RS0)和 PSW.4(RS1)两位来选择,通过软件设置 RS0 和 RS1 的状态,即可任意选一组工作寄存器。系统复位后,默认选中第 0 组寄存器为当前工作寄存器。

(2)位寻址区。单元位寻址区 20H~2FH 这 16 个单元的每一位都赋予了一个位地址,位地址范围为 00H~7FH。位地址与字节地址编址相同,容易混淆。区分方法:位操作指令中的地址是位地址;字节操作指令中的地址是字节地址。

(3)用户区。片内 RAM 中 30H~7FH 共有 80 个单元为用户区,也称为数据缓存区,用于存放各种用户数据和中间结果,起到缓冲的作用。对用户区的使用没有任何规定或限制,但在一般应用中常把堆栈开辟在此区中。

10.2.3 硬件设计的原则

一般地,单片机应用系统的设计包含两部分内容:一是单片机芯片的选择;二是单片机系统的扩展。

1. 单片机芯片的选择

单片机芯片即单片机(或微处理器)内部的功能部件,如 RAM、ROM、I/O 口、定时器/计数器及中断产品等。目前,市面上流行的 AT89C51 是美国 ATMEL 公司生产的低电压、高性能的 COMS 8 bit 单片机片内带 4KB 的闪烁可擦除可编程只读存储器(FEPROM Flash Erasableand Programmable Read Only Memory)和 128B 的随机存储器(RAM),器件采用 ATMEL 公司的高密度,非易失存储技术生产,兼容标准 MCS-51 单片机的指令系统,片内置通用 8 bit 中央处理器(CPU)和 Flash 存储单元,功能强大。AT89C51 单片机可适用于许多高性能的场合,可灵活地应用于各种控制领域。

2.单片机系统的扩展

单片机由于受集成度限制,片内存储器容量较小。一般地,片内 ROM 小于 4~8 KB,片内 RAM 小于 256 B,但可在外部进行扩展,如 MCS-51 系列单片机对 SRAM 可分别扩展至 64 KB。当不能满足系统的要求时,必须在片外进行扩展,选择相应的芯片,实现系统硬件扩展。二是系统硬件配置,即按系统功能要求配置外围设备,如键盘、显示器、打印机、A/D 和 D/A 转换器等,即要设计合适的接口电路。总的来说,硬件设计工作主要是输入、输出接口电路的设计和存储器的扩展。一般的单片机系统主要由如图 10.2.1 所示的几部分组成。

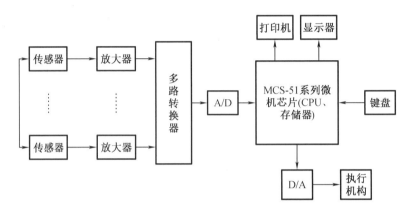

图 10.2.1　MCS-51 系列单片机系统的结构

10.2.4　硬件系统设计

硬件设计主要围绕单片机系统的功能扩展和外围设备配置,包括下面几个部分的设计。

1.程序存储器

当单片机无片内 ROM 或存储容量不够时,须在外部扩展 ROM。外部扩展的存储器通常选用 EROM 或 EEROM。其中,EPROM 集成度高、价格低,EEROM 则编程容易。当程序量较小时,使用 EEROM 较方便:当程序量较大时,采用 EPROM 更经济。

2.数据库存储

大多数单片机都提供了小容量的片内数据存储器,只有当片内数据存储器的空间不够用时才扩展外部数据库存储。

存储器的设计原理是:在存储容量满足要求的前提下,尽可能减少存储芯片的数量,建议使用大容量的存储芯片以减少存储器的芯片数目。

3.I/O 接口

由于外设多种多样,使得单片机与外设之间的接口电路也各不相同。因此,I/O 接口常常是单片机应用系统中设计最复杂也是最困难的部分之一。

I/O 接口大致可归类为并行接口、串行接口和模拟采集通道(接口)、模拟输出通道(接口)等。目前,有些单片机已将上述各接口集成于单片机内部,使 I/O 接口的设计大大简化。设计系统时,可以选择含有所需接口的单片机。

4.传感器

传感器将现场采集的各种物理量(如温度、湿度、压力等)变成电量,经过放大器放大后,送入 A/D 转换器将模拟量转换成二进制数字量,送 MCS-51 系列单片机的 CPU 进行处理,最后将控制信号经 D/A 转换送给受控制的执行机构。为了监视现场的控制,一般还设有键盘及显示器,并通过打印机将控制情况如实记录下来。在有些情况下可以省掉上述组成的某些部分,这要视具体要求来确定。

5.译码电路

当需要外部扩展电路时,就需要设计译码电路。译码电路要尽可能简单,这就要求存储空间分配合理,译码方式选择得当。

考虑到修改方便与保密性强,译码电路除了可以使用常规的门电路-译码器实现外,还可以利用只读存储器与可编程门阵列来实现。

6.驱动电路

当单片机的外接电路较多时,必须考虑其驱动能力。因为驱动能力不足会影响产品工作的可靠性,所以当设计的系统对 I/O 接口的负载过重时,必须考虑增加 I/O 接口的负载能力,即加接驱动器。例如,P0 口需要加接双向数据总线驱动器74LS245,P2 口接单向驱动器74LS244。

7.抗干扰电路

对于工作环境恶劣的系统,设计时除了在每块板上要有足够的退耦电容外,还要在每个芯片的电源与地之间加接0.1 μF 的退耦电容。电源线和接地线应该加粗些,并注意它们的走向,最好沿着数据的走向。对某些应用场合,输入、输出端口还要考虑加光耦合器件,以提高系统的可靠性及抗干扰能力。

8.电路的匹配

单片机系统中选用的器件要尽可能考虑其性能匹配。若选用 CMOS 芯片的单片机系统,则系统中的所有芯片都应该选择低功耗的,以构成低功耗的系统。若选用的晶振频率较高,则存储芯片应选用存取速度较高的芯片。

10.3 单片机红外遥控系统的设计

10.3.1 单片机红外遥控系统概述

1.红外遥控的系统框图

通用红外遥控系统由发射和接收两部分组成,现应用编/解码专用集成电路芯片来进行控制操作如图 10.3.1 所示。其中,发射部分包括键盘矩阵、编码调制和 LED 红外发送器;接收部分包括光/电转换放大器、解调和解码电路。

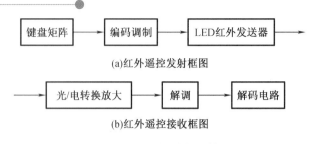

(a)红外遥控发射框图

(b)红外遥控接收框图

图 10.3.1 红外遥控系统框图

2.红外线遥控发射器

红外线遥控发射器由键盘、指令编码器和红外发光二极管 LED 等部分组成。当按下键盘的不同按键时,通过编码器产生与之相应的特定的二进制脉冲信号。将此二进制脉冲信号先调制在 38 kHz 的载波上,经过放大后,激发红外发光二极管 LED 转变成波长为 940 nm 的红外线传播出去。

3.红外线遥控接收器

红外线遥控接收器由红外线接收器、微处理器、接口电路(控制电路)等部分组成。光电二极管首先将接收到的红外线信号转变成电信号,经检波放大,滤除 38 kHz 的载波信号,恢复原来的指令脉冲,然后送入微处理器进行识别解码,解释出遥控信号的内容,并根据控制功能输出相应的控制信号,送往接口电路(控制电路)做相应的处理。

4.基本功能设计

(1)按键功能设置。在此设计中,红外遥控发送电路中共定义了 7 个数字键,还可以根据需要扩展其他的按键及其功能。数字键 1~7 分别表示接收电路中的数码管显示 7 种不同的状态,具体定义如下:

按 1 号键,LED1 点亮,并且数码管显示 1。

按 2 号键,LED2 点亮,并且数码管显示 2。

按 3 号键,LED3 点亮,并且数码管显示 3。

按 4 号键,LED4 点亮,并且数码管显示 4。

按 5 号键,LED5 点亮,并且数码管显示 5。

按 6 号键,LED6 点亮,并且数码管显示 6。

按 7 号键,LED7 点亮,并且数码管显示 7。

(2)显示状态设置。在发送电路中,P2.0~P2.7 端分别接 LCD 显示器的 D0~D7 端,用于显示发送的数据。在接收电路中,P0.0~P0.7 端分别接 LED 数码管的 A~H 端,用于显示与发送对应的数。例如,当发送的是按键 1 的状态时,液晶上会显示数字 1,数码管上也会显示数字 1,发光二极管 LED1 点亮。

提示:在发送电路和接收电路上都用显示器是为了检查发送的数和接收的数是否一致,以便于当发生错误时,及时发现错误所在,并给予更正。

10.3.2 单片机红外遥控系统的设计步骤

设计要求:熟练掌握以单片机为核心的测控系统的软、硬件设计,红外遥控的基本原理,键盘操作的显示功能的设计。

1. 系统的硬件设计

（1）系统构成。遥控开关是在通用红外遥控系统的基础上加以改进实现的,其实质就是将红外遥控的接收部分采用单片机 STC89C52RC 来控制,即当一体化红外接收器接收到红外遥控信号后,将光信号转变成电信号,经放大、解调、滤波后,将原编码信号送入单片机进行信号识别、解码,然后进行相应的处理,达到控制电器的目的。图 10.3.2 所示为遥控开关的系统构成框图。

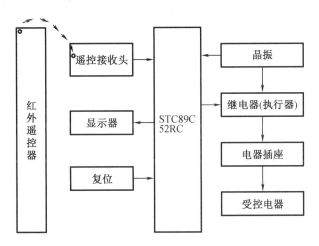

图 10.3.2　遥控开关系统构成图

上面的系统框图中有继电器,因为在日常所用的遥控设备中都有继电器,这样就可以控制多个设备。而设计的接收系统中没有用到继电器,若在实验室里做实验,只要制作出接收部分的电路就可以了,没有必要采用继电器。

（2）硬件组成。

发射电路组成:单片机 STC89C52RC、红外发光二极管、键盘、LCD 液晶显示器。

接收电路组成:单片机 STC89C52RC、一体化红外遥控接收器、LED 数码管、发光二极管。

红外遥控接收可采用较早的红外接收二极管加专用的红外处理电路的方法,如CXA20106,此种方法电路复杂,现在一般不采用。较好的接收方法是用一体化红外接收头,它将红外接收二极管、放大、解调、整形等电路做在一起,只有 3 个引脚,分别是+5 V 电源、地、信号输出。常用的一体化接收头的外形引脚如图 10.3.3 所示。

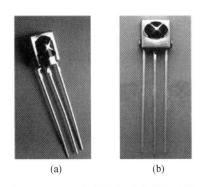

(a)　　　　　　　(b)

图 10.3.3　一体化接收头的外形引脚

（3）接收电路。接收电路是通过 STC89C52RC 单片机进行控制的,由复位电路、红外接收电路、晶体振荡电路及显示电路、红外接收电路、晶体振荡电路及显示电路部分等组成。端口功能简单介绍如下:

STC89C52RC 单片机的 RESET 端接复位电路(复位低电平有效)。

P0 口接 8 个上拉电阻,对输出电平进行平整。

P0.0~P0.7 端分别接 LED 数码管的 A~H 端,实现数码管显示数字的功能。

P2.0~P2.7 端分别接 8 个发光二极管,实现相对应功能。

P3.3 端接红外一体化接收头的 OUT 端,对接收到的数据通过一定的时序进行解码,将解码的数据通过 LED 数码管显示出来。

（1）接收主程序流程图。首先对内存单元进行初始化,然后设置定时器的模式及常数,等待接收数据。接收到数据后,对其进行处理,最后将其显示出来。接收主程序流程图如图 10.3.4 所示。

（2）起始位子程序流程图。在解码之前首先要对接收到的起始位的时间进行计算,并判断时间是否为 3 ms,若为 3 ms,则对中间的 24 位码进行解码;若不为 3 ms,则重新接收。起始位子程序流程图如图 10.3.5 所示。

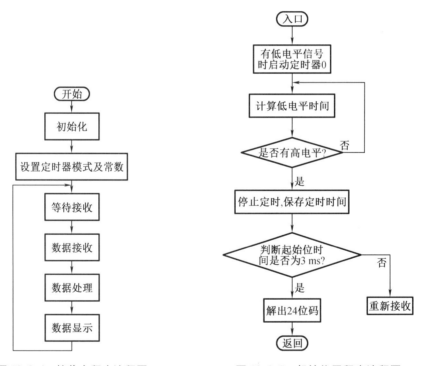

图 10.3.4　接收主程序流程图　　　图 10.3.5　起始位子程序流程图

（3）解码子程序流程图。判断起始位后,就要对发送过来的其余信号进行解码,当有接收信号时就开始判断,若时间为 1 ms,就置逻辑 1 标志;若时间为 0.55 ms,就置逻辑 0 标志。判断后继续解下一个码,直到 24 位码都解出来。全部解码后再到数码表中查出确定的码。解码子程序流程图如图 10.3.6 所示。

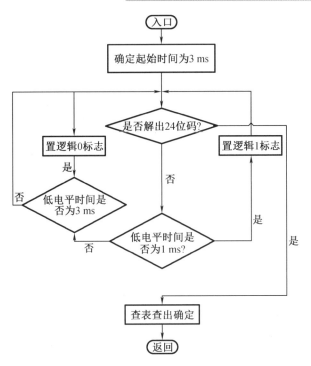

图 10.3.6 解码子程序流程图

（4）显示子程序流程图。显示是为了让用户直接、醒目地了解此系统的功能。显示子程序流程图如图 10.3.7 所示。该系统最终根据需要实现的是在发射端按下某个键,在接收端发光二极管和数码管显示相应的状态。具体结果是:

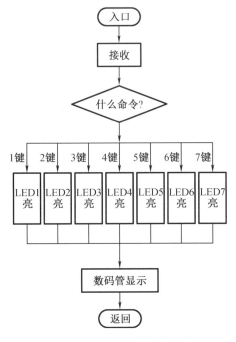

图 10.3.7 显示子程序流程图

按 1 号键,LED1 点亮,并且数码管显示 1。

按 2 号键,LED2 点亮,并且数码管显示 2。

按 3 号键,LED3 点亮,并且数码管显示 3。

按 4 号键,LED4 点亮,并且数码管显示 4。

按 5 号键,LED5 点亮,并且数码管显示 5。

按 6 号键,LED6 点亮,并且数码管显示 6。

按 7 号键,LED7 点亮,并且数码管显示 7。

单片机红外遥控系统
设计实验视频

第 11 章　51 单片机拓展实践案例教程

学习意义

本章将以智能小车为例,通过自动避障功能、无线遥控功能更加系统地去设计、完成与单片机相关的实验项目,相信学完本章之后,大家对单片机综合的应用会有一个更加深入的了解。

学习目标

- 掌握常用电子元器件的特性参数;
- 能根据器件的特性参数判断器件的好坏;
- 能读懂电子电路图,并根据电路图进行实际电路的焊接调试;
- 能根据系统电路进行软件程序开发。

学习指导

认真查阅相关数据手册及资料,咨询指导教师,完成相应的学习目标。根据第 1 章所介绍的内容完成系统的软硬件联调。详情可咨询专业网站:

http://www.dzdiy.com/　　电子制作天地
http://www.chinadz.com/　　中国电子资讯网

学习准备

复习、回忆你所学过的 51 单片机的基础知识,查阅相关技术资料,如实记录实验数据。独立写出严谨、有理论分析、实事求是、文理通顺、字迹端正的案例报告。

学习案例

选用 STC89C52RC 单片机作为主控芯片,通过 HC-05 蓝牙模块实现蓝牙遥控功能、舵机 SG-90 模块以及超声波 HC-SR04 模块实现小车检测距离并躲避障碍物、OLED 屏幕显示小车的运动状态以及距离等信息。根据本章内容完成智能小车模型的拼接安装、硬件设计以及软件设计。智能小车实物图及实验资料二维码如图 11.0.1 和图 11.0.2 所示。

图 11.0.1　实物图

图 11.0.2　实验资料二维码

11.1 智能小车电机驱动设计

11.1.1 实验环节

1. 实验目的

(1)学会查阅芯片的数据手册,收集资料。

(2)掌握 L293D 电机驱动芯片的工作原理。

(3)利用电机驱动模块驱动电机马达全速前进。

2. 实验原理

利用 L293D 电机驱动模块控制智能小车的两个电机马达工作,利用 Keil5 编程软件,在输入端设置逻辑电平,实现小车前进、后退、左转及右转功能。

3. 模块主要功能及特点介绍

L293D 模块功能:

(1)2 个 5 V 伺服电机(舵机)端口连接到的高解析高精度的定时器无抖动。

(2)多达 4 个双向直流电机及 4 路 PMM 调速(大约 0.5% 的解析度)

(3)多达 2 个步进电机正反转控制,单/双步控制,交错或微步及旋转角度控制。

(4)4 路 H-桥:L293D 芯片每路桥提供 0.6 A(峰值 1.2 A)电流并且带有热断电保护,4.5~36 V。

(5)下拉电阻保证在上电时电机保持停止状态。

(6)大终端接线端子使接线更容易(10-22 AWG)和电源分离。

(7)带有复位按钮。

(8)2 个大终端外部电源接线端子保证逻辑和电机驱动电源分离

(9)下载方便使用的软件库快速进行项目开发。

适用范围:初学者,实验器材平台,互动电子,机器人等。

特点:功能多,操作方便,有强大的驱动库支持及功能更新。有专门的代码库。导入库后,使用简单。

缺点:I/O 占用较多在同时驱动四路电机的情况下,小功率。可驱动 4 路直流电机或者 2 路步进电机的同时还能驱动 2 路舵机。

注意:使用步进电机会占用 2 个直流电机接口,电机驱动电源需要单独供电给电机,电路驱动电源需要使用 51 单片机提供的电源,也可以单独供电,但是必须要跟单片机共地,否则会无法将数据写入模块。

引脚功能:

1 脚——启用 1,2(+5 V);

2 脚——输入 1;

3 脚——输出 1(电机 1 引脚 1);

4 脚——接地(0 V);

5 脚——接地(0 V);

6 脚——输出 2(电机 1 的引脚 2);

7 脚——输入 2;

8 脚——VCC2,+9 V(另一只电池的+ve 端子,而不是连接到 arduino 的电池或等效电池);

9 脚——启用 3,4(+5 V);

10 脚——输入 3;

11 脚——输出 3(电机 2 的引脚 2);

12 脚——接地(0 V);

13 脚——接地(0 V);

14 脚——输出 4(电机 2 的引脚 2);

15 脚——输入 4;

16 脚——VCC1(+5 V)。

引脚图如图 11.1.1 所示。

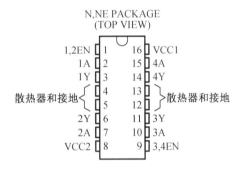

图 11.1.1　L293D 芯片引脚图

4. 实验原理图

如图 11.1.2 和图 11.1.3 所示,根据 H 桥原理和电机驱动原理图编写小车前进代码。

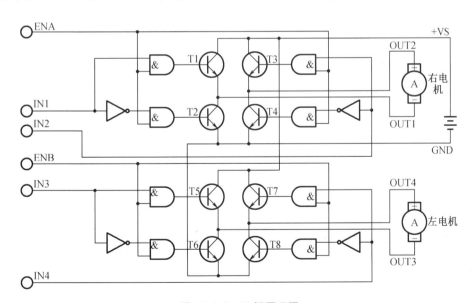

图 11.1.2　H 桥原理图

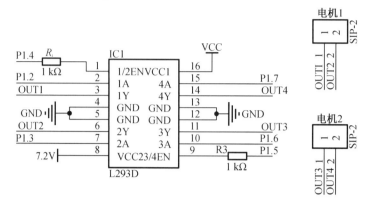

图 11.1.3　电机驱动原理图

11.1.2　案例代码

```
#include "reg51.h "
/* * * * *定义智能小车驱动模块输入 IO 口　* * * * * /
sbit IN1 =   P1^2;                              //高电平 1 后退(反转)
sbit IN2 =   P1^3;                              //高电平 1 前进(正转)
sbit IN3 =   P1^6;                              //高电平 1 前进(正转)
sbit IN4 =   P1^7;                              //高电平 1 后退(反转)
sbit EN1 =   P1^4;                              //高电平使能
sbit EN2 =   P1^5;                              //高电平使能
                                                //延时函数
  void delay(unsigned int k)
{
  unsigned intx,y;
  for(x = 0;x<k;x++)
    for(y = 0;y<2000;y++);
}
                                                //小车前进函数
void run(void)
{
  IN1 = 0;                                      //左电机
  IN2 = 1;
  IN3 = 1;                                      //右电机
  IN4 = 0;
  EN1 = 1;
  EN2 = 1;
}
                                                //主函数
void main(void)
{
```

```
    delay(20);
    run();                                    //调用前进函数
    while(1)
    |
    |
    |
```

11.1.3 调试

智能小车电机驱动
设计实验视频

烧录小车前进程序后,若发现某个轮子反转,第一种解决方法是将代码的 INx=1 和 0 的位置调换,第二种解决方法是将反转电机的输入线调换位置。

11.2 OLED 屏幕显示实验

11.2.1 实验环节

1. 实验目的

(1)掌握 OLED 屏幕使用的基本原理;

(2)掌握 OLED 屏幕软件代码的编写流程;

(3)能够利用 OLED 屏幕显示自己的信息,并能够显示超声波模块所检测到的距离。

2. 实验原理

系统的设计以单片机为核心,OLED 显示技术制备工艺对技术水平要求非常高,整体上分为前工艺和后工艺,其中,前工艺主要是以光刻和蒸镀技术为主;后工艺主要以封装、切割技术为主。在本次智能小车的设计中,主要通过相关函数的调用来实现学号、姓名以及当前距离的显示。比如,想要显示当前距离的信息需要在主函数中进行调用,OLED_ShowNum(u8 x,u8 y,u32 num,u8 len,u8 size);,就可以实现当前具体的距离信息了。

3. 模块主要功能及特点介绍

OLED,即有机发光二极管(Organic Light Emitting Diode)。OLED 由于同时具备自发光、不需背光源、对比度高、厚度薄、视角广、反应速度快、可用于挠曲性面板、使用温度范围广、构造及制程较简单等优异之特性,被认为是下一代的平面显示器新兴应用技术。本次实验采用的 0.96 寸 IIC 通信的四针 0.96 寸的 OLED 屏,实物图如图 11.2.1 所示。

OLED 引脚说明:

(1)GND 电源地;

(2)VCC 电源正(3~5.5 V);

(3)SCL OLED 的 D0 脚,在 IIC 通信中为时钟管脚;

(4)SDA OLED 的 D1 脚,在 IIC 通信中为数据管脚。

图 11.2.1　OLED 实物图

4. 实验原理图

实验原理图如图 11.2.2 所示。

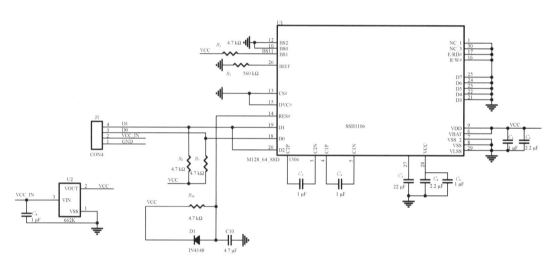

图 11.2.2　OLED 原理图

11.2.2　案例代码

```
#include "reg51.h"
#include "oled.h"
#include "bmp.h"
int main(void)
{
u8 t;
OLED_Init();                              //初始化 OLED
OLED_Clear() ;
t = ' ';
OLED_ShowCHinese(18,0,1);                 //电
OLED_ShowCHinese(36,0,2);                 //子
OLED_ShowCHinese(54,0,3);                 //信
OLED_ShowCHinese(72,0,4);                 //息
```

```
OLED_ShowCHinese(90,0,5);                                    //工
OLED_ShowCHinese(108,0,6);                                   //程
  while(1)
  {
  OLED_Clear();
  OLED_ShowCHinese(18,0,1);                                  //电
  OLED_ShowCHinese(36,0,2);                                  //子
  OLED_ShowCHinese(54,0,3);                                  //信
  OLED_ShowCHinese(72,0,4);                                  //息
  OLED_ShowCHinese(90,0,5);                                  //工
  OLED_ShowCHinese(108,0,6);                                 //程
  OLED_ShowString(6,3,"0.96' OLED TEST",16);
  OLED_ShowString(0,6,"ASCII:",16);
  OLED_ShowString(63,6,"CODE:",16);
  OLED_ShowChar(48,6,t,16);                                  //显示 ASCII 字符
    t++;
    if(t>'~')t='';
  OLED_ShowNum(103,6,t,3,16);                                //显示 ASCII 字符的码值
  delay_ms(8000);
  delay_ms(8000);
  delay_ms(8000);
  delay_ms(8000);
  delay_ms(8000);
  OLED_DrawBMP(0,0,128,8,BMP1);                              //图片显示(图片显示慎用,生成
                                                               的字表较大,会占用较多空间,
                                                               FLASH 空间 8K 以下慎用)

  delay_ms(8000);
  delay_ms(8000);
  delay_ms(8000);
  delay_ms(8000);
  OLED_DrawBMP(0,0,128,8,BMP1);
  delay_ms(8000);
  delay_ms(8000);
  delay_ms(8000);
  delay_ms(8000);
  }
}
```

11.2.3 调试

我们可以利用这个测试代码检测 OLED 屏幕是否有故障,如果没有故障就可以将以上代码移植到智能车的程序上,并完成显示功能的实验。

OLED 屏幕显示
实验视频

11.3 按键启动蜂鸣器报警设计

11.3.1 实验环节

1.实验目的

(1)掌握按键启动的实验原理;

(2)掌握蜂鸣器的工作原理;

(3)掌握按键启动软件代码的编写。

2.实验原理

利用启动按键进行启动智能小车,当按下启动按键后,小车后退一段距离,然后左转,再前进一段距离,最后右转后退一段距离后停止。

3.模块主要功能及特点介绍

(1)一声短音:系统正常启动;

(2)两声短音:系统出现常规错误,进入系统设置重新设置不正确的选项即可;

(3)一声长音一声短音:主板出错,可通过更换内存条或主板解决;

(4)一声长音两声短音:显示器或显卡出错,需要去维修点进行详细检查;

(5)一声长音三声短音:键盘控制器错误,需要检查主板问题;

(6)不断的长音:内存条未插紧或损坏,检查内存条松紧程度即可。

4.实验原理图

按键模块以及蜂鸣器模块如图 11.3.1 和图 11.3.2 所示。

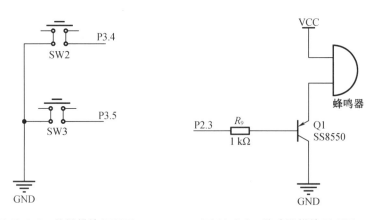

图 11.3.1 按键模块原理图   图 11.3.2 蜂鸣器模块原理图

11.3.2　案例代码

```
void keysacn(void)
{
  A:    if(K2 = = 0)                          //判断按键是否被按下
  {
    delay(10);                               //延时10ms
    if(K2 = = 0)                             //第二次判断按键是否被按下
    {
      FM = 0;                                //蜂鸣器响
      while(K2 = = 0);                       //判断按键是否被松开
      FM = 1;                                //蜂鸣器停止
    }
    else
    {
      goto A;                                //跳转到A点重新扫描
    }
  }
  else
  {
    goto A;                                  //跳转到A点重新扫描
  }
}
voidfm(void)                                 //蜂鸣器报警函数 可灵活应用
{
  FM = 0;
  delay(1000);                               //报警时间1s
  FM = 1;
}
void main(void)
{keysacn();                                  //调用按键扫描函数
back();
delay(1000);                                 //后退1s
stop();
delay(500);                                  //停止0.5s
run();
delay(1000);                                 //前进1s
stop();
delay(500);                                  //停止0.5s
left();
delay(1000);                                 //向左转1s
right();
delay(1000);                                 //向右转1s
```

```
spin_left();
delay(2000);                          //向左旋转2s
spin_right();
delay(2000);                          //向右旋转2s
stop();                               //停车
while(1);                             //死循环复位键重新跑程序
}
```

11.3.3   调试

**按键启动蜂鸣器
报警设计实验视频**

人手在按下按键的时候,由于抖动和按键触点的原因会产生多个上升沿和下降沿,导致单片机误认为按键受到了多次操作,所以要进行去抖处理,软件的处理方法一般是加延时后重复判断,硬件上可以加旁路电容保护。

11.4   蓝牙遥控设计

11.4.1   实验环节

1.实验目的

(1)掌握蓝牙模块的使用原理;

(2)联系比较常用的 AT 指令,掌握更改名字、密码、初始化的方法;

(3)掌握驱动 HC-05 蓝牙模块的方法。

2.实验原理

蓝牙 HC05 是主从一体的蓝牙串口模块,简单来说,当蓝牙设备与蓝牙设备配对连接成功后,我们可以忽视蓝牙内部的通信协议,直接将蓝牙当作串口用。当建立连接,两设备共同使用一通道也就是同一个串口,一个设备发送数据到通道中,另外一个设备便可以接收通道中的数据。

3.模块主要功能及特点介绍

HC-05 是一款主从一体式串口蓝牙模块,使用时无须理解复杂的蓝牙协议,把它当作普通串口使用即可,串口通信为透传模式,由于它同时支持主从机模式,所以任意两个蓝牙模块之间都是可以通信的,下面将介绍如何使用两个蓝牙模块进行主从机通信。

注意:HC-05 属于经典蓝牙 2.0 版本,与 BLE 蓝牙区别很大,由于 BLE 蓝牙没有向下兼容,所以是无法和 HC05 通信的。

蓝牙模块引脚介绍如表 11.4.1 所示。

表 11.4.1   蓝牙模块引脚介绍

引脚	功能
EN	使能
VCC	3.6~6 V 电源输入,实测 3.3 V 也是可以的

表 11.4.1（续）

引脚	功能
GND	地
TXD	串口发送
RXD	串口接收
STATE	连接状态　低电平:未连接 高电平:已连接

LED 状态灯:

表 11.4.2　蓝牙模块状态介绍

状态	说明
快闪 1 s 两次	正常工作模式　模块进入可配对状态
慢闪 2 s 一次	AT 模式　此时可以直接发 AT 指令　波特率 38 400
双闪 一次闪两下	已配对状态　此时是透传模式

HC-05 有两种方式进入 AT 模式:

按下 KEY 键,然后再上电,上电后便进入 AT 模式,波特率 38 400。

正常上电,需要发送 AT 指令时,先按下 KEY 键再发送,波特率和当前通信波特率一致,默认值为 9 600。

注意:当模块进入已配对状态时,除非重新上电复位,否则是无法进入 AT 模式的,也就不能发任何 AT 指令。

4. 实验原理图

实验原理图如图 11.4.1 所示。

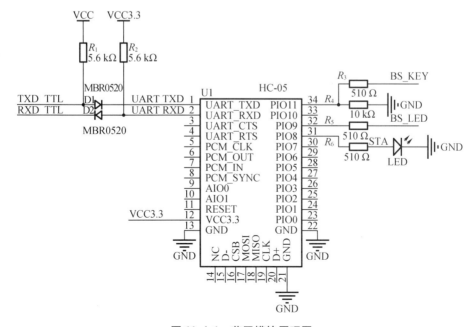

图 11.4.1　蓝牙模块原理图

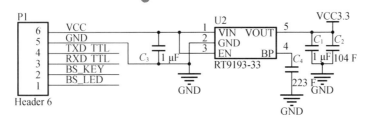

图 11.4.1(续)

11.4.2　案例代码

```c
#include <reg51.h>
#include <intrins.h>                          //这个资源当中还有常用的左移
                                              //右移的常用写法

#define ECHO P3_0                             //宏定义　超声波接口　Trig
                                              //(控制端)单片机 RXD 接收
#define TRIG P3_1                             //Echo(接收端)
#defineLeft_moto_go{P1_4=1,P1_2=1,P1_3=0}     //左电机前进
#defineLeft_moto_back{P1_4=1,P1_2=0,P1_3=1}   //左电机后转
#defineLeft_moto_stop{P1_4=1,P1_2=1,P1_3=1}   //左电机停止
#defineright_moto_go{P1_5=1,P1_6=1,P1_7=0}    //右电机前进
#defineright_moto_back{P1_5=1,P1_6=0,P1_7=1}  //左电机后转
#defineright_moto_stop{P1_5=1,P1_6=1,P1_7=1}  //左电机停止
unsigned long S=0;
unsigned int time=0;                          //时间变量　S=340m/s*t/2
void StratModule()                            //启动测距信号
{
  TRTG=1;
  _nop_( );
  _nop_();                                    //代表运行一个机器周期。
  _nop_( );                                   //如果这个单片机的晶振是 12M
                                              //的,那么这调代码会运行 1US;
  _nop_( );                                   //一般用在某些协议需要一个比
                                              //较短的延时;
  _nop_( );
  TRTG=0;
}
void Count( void )                            //计算距离脉冲信号形式传送,我
                                              //们只要高电平,读取到脉宽的
                                              //长度
{
  while(! ECHO);                              //当接收 RX 为 0 时,等待数据发
                                              //送
```

```
    TR0 = 1;                              //开始计数
    while( ECHO);                         //当接收 RX 为 1 时,等待关闭
    TR0 = 0;                              //关闭计数
    time = TH0 * 256+TL0;                 //读取脉宽的长度
    TH0 = 0;
    TL0 = 0;
    S = ( time * 1.7)/100                 //想要算出厘米单位,最后再除 100
}

                                          //前进子函数
void run( void)
{
    Left_moto_go;
    right_moto_go;
}

                                          //后退
void backrun( void)
{
    Left_moto_back;
    right_moto_back;
}

                                          //左转
void leftrun( void)
{
    Left_moto_stop;
    right_moto_go;
}

                                          //右转
void rightrun( void)
{
    Left_moto_go;
    right_moto_stop;
}

                                          //停止
void stoprun( void)
{
    Left_moto_stop;
    right_moto_go;
}

void main( void )
{
                                          //使用计时器,就要补全所有计数器
                                          //  的相关内容;
```

```
    EA = 1;                              //打开总中断
    TMOD = 0x11;                         //配置 TMOD
    TH0 = 0;                             //常数缓冲器
    TL0 = 0;                             //8 位定时器
    ET0 = 1;                             //定时器 0 允许中断
    while(1)
    {
      StratModule();                     //启动检测
      Count( );                          //计算距离
      if(S<30)                           //当距离小于 30 cm 时
      {
        leftrun( );
      }
      else
      if(S>30)
      run( );
    }
}
```

蓝牙遥控设计实验视频

11.5　超声波避障设计

11.5.1　实验环节

1. 实验目的

(1)掌握驱动 HC-SR04 超声波模块的驱动原理;

(2)掌握超声波模块引脚的含义;

(3)能够独立完成超声波避障代码的设计。

2. 实验原理

采用 IO 口 TRIG 触发测距,给至少 10 μs 的高电平信号,模块自动发送 8 个 40 kHz 的方波,自动检测是否有信号返回,有信号返回,通过 I/O 口 ECHO 输出一个高电平,高电平持续的时间就是超声波从发射到返回的时间。测试距离 = (高电平时间×声速(340 m/s))/2。

3. 模块主要功能及特点介绍

特点：HC-SR04 超声波测距模块可提供 2~400 cm 的非接触式距离感测功能，测距精度可达高到 3 mm；模块包括超声波发射器、接收器与控制电路。实物引脚图如图 11.5.1 所示。

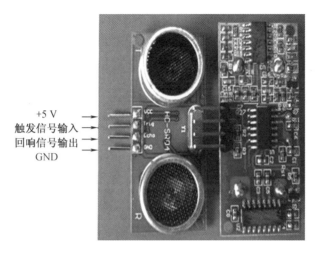

图 11.5.1　超声波模块实物引脚图

引脚说明：VCC 供 5 V 电源，GND 为地线，TRIG 触发控制信号输入，ECHO 回响信号输出等四个引脚。

电压参数如表 11.5.1 所示。

表 11.5.1　超声波模块电压参数

电气参数	HC-SR04 超声波模块
工作电压	DC 5 V
工作电流	15 mA
工作频率	40 Hz
最远射程	4 m
最近射程	2 cm
测量角度	15°
输入触发信号	10 μS 的 TTL 脉冲
输出回响信号	输出 TTL 电平信号，与射程成比例
规格尺寸	45 mm×20 mm×15 mm

4.实验原理图

实验原理图如图 11.5.2 所示。

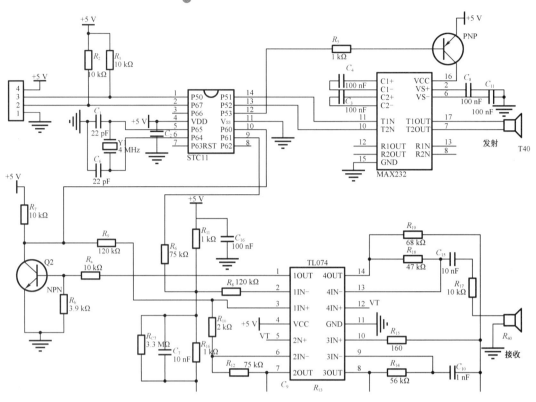

图 11.5.2　超声波模块原理图

11.5.2　案例代码

```
#include <reg51.h>
#include <intrins.h>                        //这个资源当中还有常用的左移
                                            右移的常用写法：

#define ECHO P3_0                           //宏定义　超声波接口　Trig
                                            (控制端)单片机 RXD 接收

#define TRIG P3_1                           //Echo(接收端)
#defineLeft_moto_go{P1_4 = 1,P1_2 = 1,P1_3 = 0}      //左电机前进
#defineLeft_moto_back{P1_4 = 1,P1_2 = 0,P1_3 = 1}    //左电机后转
#defineLeft_moto_stop{P1_4 = 1,P1_2 = 1,P1_3 = 1}    //左电机停止
#defineright_moto_go{P1_5 = 1,P1_6 = 1,P1_7 = 0}     //右电机前进
#defineright_moto_back{P1_5 = 1,P1_6 = 0,P1_7 = 1}   //左电机后转
#defineright_moto_stop{P1_5 = 1,P1_6 = 1,P1_7 = 1}   //左电机停止
unsigned long S = 0;
unsigned int time = 0;                      //时间变量　S = 340m/s * t/2
void StratModule()                          //启动测距信号
{
  TRTG = 1;
  _nop_();
```

```
    _nop_();                          //代表运行一个机器周期。
    _nop_( );                         //如果这个单片机的晶振是12M的,
                                        那么这调代码会运行1US;

    _nop_( );                         //一般用在某些协议需要一个比较
                                        短的延时;

    _nop_( );
    TRTG = 0;
}
void Count( void )                    //计算距离脉冲信号形式传送,我们
                                        只要高电平,读取到脉宽的长度
{
    while(! ECHO);                    //当接收RX为0时,等待数据发送
    TR0 = 1;                          //开始计数
    while(ECHO);                      //当接收RX为1时,等待关闭
    TR0 = 0;                          //关闭计数
    time = TH0 * 256+TL0;             //读取脉宽的长度
    TH0 = 0;
    TL0 = 0;
    S =(time * 1.7)/100               //想要算出厘米单位,最后再除100
}

                                       //前进子函数
void run(void)
{
    Left_moto_go;
    right_moto_go;
}

                                       //后退
void backrun( void)
{
    Left_moto_back;
    right_moto_back;
}

                                       //左转
void leftrun(void)
{
    Left_moto_stop;
    right_moto_go;
}

                                       //右转
void rightrun(void)
{
```

```
    Left_moto_go;
    right_moto_stop;
}
                                        //停止
void stoprun(void)
{
    Left_moto_stop;
    right_moto_go;
}
void main( void )
{
                                        //使用计时器,就要补全所有计数器
                                          的相关内容;
    EA=1;                               //打开总中断
    TMOD=0x11;                          //配置 TMOD
    TH0=0;                              //常数缓冲器
    TL0=0;                              //8 位定时器
    ET0=1;                              //
    while(1)
    {
    StratModule();                      //启动检测
    Count( );                           //计算距离
    if(S<30)                            //当距离小于30cm时
    {
        leftrun( );
    }
    else
    if(S>30)
    run( );
    }
}
```

注:同学们编写代码时容易出现的问题如下:

(1)代码敲错,这种现象很常见,要仔细核对代码,切勿为了追求代码编写的速度,导致写错。

(2)代码常见错误:函数名称字母大小写区分错误,中英文字母输入,函数名书写错误,大括号时候一一匹配,语句结尾处是否有分号。

超声波避障
设计实验视频

11.6 舵机模块设计

11.6.1 实验环节

1. 实验目的

(1)掌握舵机模块的工作原理;

(2)掌握多级模块的代码移植;

(3)利用舵机控制超声波模块旋转。

2. 实验原理

控制信号由接收机的通道进入信号调制芯片,获得直流偏置电压。它内部有一个基准电路,产生周期为 20 ms,宽度为 1.5 ms 的基准信号,将获得的直流偏置电压与电位器的电压比较,获得电压差输出。最后,电压差的正负输出到电机驱动芯片决定电机的正反转。当电机转速一定时,通过级联减速齿轮带动电位器旋转,使得电压差为 0,电机停止转动。当然我们可以不用去了解它的具体工作原理,知道它的控制原理就够了。就像我们使用晶体管一样,知道可以拿它来做开关管或放大管就行了,至于管内的电子具体怎么流动是可以完全不用去考虑的。

3. 模块主要功能及特点介绍

信号线为黄色,电源线为红色,地线为棕色,接线图如图 11.6.1 所示。

舵机的控制一般需要一个 20 ms 左右的时基脉冲,该脉冲的高电平部分一般为 0.5 ~ 2.5 ms 范围内的角度控制脉冲部分。以 180° 角度伺服为例,那么对应的控制关系是这样的:

0.5 ms-------------0°;

1.0 ms-------------45°;

1.5 ms-------------90°;

2.0 ms-------------135°;

2.5 ms-------------180°;

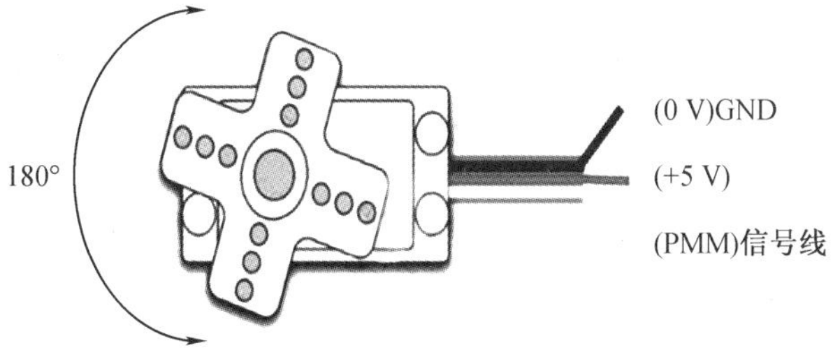

图 11.6.1 舵机模块接线图

舵机模块工作时序如图 11.6.2 所示。

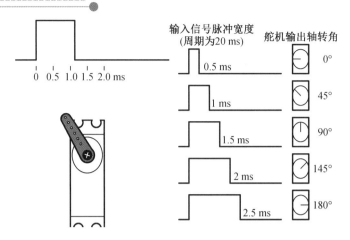

图 11.6.2　舵机模块工作时序图

4. 接口图

接口图如图 11.6.3 所示。

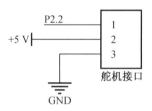

图 11.6.2　舵机模块接口原理图

11.6.2　案例代码

```
#include <reg51.h>
#include <intrins.h>
#define led1 {P0_6=1,P0_6=0;}
#define led2 {P0_7=0,P0_7=1;}
#defineRight_moto_go    {P1_2=1,P1_3=0;}        //右边电机向前走
#defineRight_moto_back  {P1_2=0,P1_3=1;}        //右边电机向后走
#defineRight_moto_Stop  {P1_2=0,P1_3=0;}        //右边电机停转
#defineLeft_moto_go     {P1_6=1,P1_7=0;}        //左边电机向前走
#defineLeft_moto_back   {P1_6=1,P1_7=0;}        //左边电机向后转
#defineLeft_moto_Stop   {P1_6=0,P1_7=0;}        //左边电机停转
#defineSevro_moto_pwm   P2_2                     //接舵机信号端输入 PWM 信
                                                 //号调节速度
#define  ECHO  P2_0                              //超声波接口定义
#define  TRIG  P2_1                              //超声波接口定义
unsigned char constpositon[3]={ 0xfe,0xfd,0xfb};
unsigned chardisbuff[4]={ 0,0,0,0,};
```

```c
unsigned charposit = 0;
unsigned charpwm_val_left   = 0;                    //变量定义
unsigned charpush_val_left = 14;                     //舵机归中,产生约,1.5MS
                                                     信号

unsigned long S = 0;
unsigned long S1 = 0;
unsigned long S2 = 0;
unsigned long S3 = 0;
unsigned long S4 = 0;
unsigned int   time = 0;                              //时间变量
unsigned int   timer = 0;                             //延时基准变量
unsigned char timer1 = 0;                             //扫描时间变量
/* * * * * * * * * * * * * * * * * * * * * * * * * * * * * * * * * * */
                                                     //延时函数
void delay(unsigned int k)
{
  unsigned int x,y;
  for(x = 0;x<k;x++)
    for(y = 0;y<2000;y++);
}
/* * * * * * * * * * * * * * * * * * * * * * * * * * * * * * * * * * */
                                                     //前速前进
void run(void)
{
  Left_moto_go;                                      //左电机往前走
  Right_moto_go ;                                    //右电机往前走
}
                                                     //前速后退
void backrun(void)
{
  Left_moto_back ;                                   //左电机往前走
  Right_moto_back ;                                  //右电机往前走
}
                                                     //左转
void leftrun(void)
{
  Right_moto_go ;                                    //右电机往前走 ;
  Left_moto_Stop ;                                   //左电机停止
}
                                                     //右转
void rightrun(void)
{
```

```
      Left_moto_go ;                                    //左电机往前走
      Right_moto_Stop ;                                 //右电机停止
}

                                                        //停
void stoprun(void)
{
      Left_moto_Stop ;                                  //左电机往前走
      Right_moto_Stop ;                                 //右电机往前走
}
void StartModule()                                      //启动测距信号
{
      TRIG=1;
      _nop_();
      _nop_();
      _nop_();
      _nop_();
      _nop_();
      _nop_();
      _nop_();
      _nop_();
      _nop_();
      _nop_();
      _nop_();
      _nop_();
      _nop_();
      _nop_();
      _nop_();
      _nop_();
      _nop_();
      _nop_();
      _nop_();
      _nop_();
      TRIG=0;
}
void Conut(void)                                        //计算距离
{
      while(! ECHO);                                    //当 RX 为零时等待
      TR0=1;                                            //开启计数
      while(ECHO);                                      //当 RX 为 1 计数并等待
      TR0=0;                                            //关闭计数
      time=TH0 * 256+TL0;                               //读取脉宽长度
```

```
  TH0 = 0;
  TL0 = 0;
  S = (time * 1.7) / 100;                          //算出来是 CM
  disbuff[0] = S % 1000 / 100;                     //更新显示
  disbuff[1] = S % 1000 % 100 / 10;
  disbuff[2] = S % 1000 % 10 % 10;
}
void  COMM( void )
{
  push_val_left = 5;                               //舵机向左转 90 度
  timer = 0;
  while( timer <= 4000 );                          //延时 400MS 让舵机转到其
                                                   //  位置
  StartModule();                                   //启动超声波测距
  Conut();                                         //计算距离
  S2 = S;
  push_val_left = 23;                              //舵机向右转 90 度
  timer = 0;
  while( timer <= 4000 );                          //延时 400MS 让舵机转到其
                                                   //  位置
  StartModule();                                   //启动超声波测距
  Conut();                                         //计算距离
  S4 = S;
  push_val_left = 14;                              //舵机归中
  timer = 0;
  while( timer <= 4000 );                          //延时 400MS 让舵机转到其
                                                   //  位置
  StartModule();                                   //启动超声波测距
  Conut();                                         //计算距离
  S1 = S;
  if( (S2<20) || (S4<20) )                         //只要左右各有距离小于,
                                                   //  20CM 小车后退
  {
    backrun();                                     //后退
    timer = 0;
    while( timer <= 4000 );
  }
  if( S2 > S4 )
  {
    rightrun();                                    //车的左边比车的右边距离小
                                                   //  右转
    timer = 0;
```

```
      while(timer<=3500);                                    //原 4000
    }
    else
    {
      leftrun();                                             //车的左边比车的右边距离大
                                                                于左转
      timer=0;
      while(timer<=3500);                                    //原 4000
    }
}
/*定时器产生 100US 定时信号*/
void pwm_Servomoto(void)
{
  if(pwm_val_left<=push_val_left)
  Sevro_moto_pwm=1;
  else
  Sevro_moto_pwm=0;
  if(pwm_val_left>=200)
  pwm_val_left=0;
}
/*TIMER1 中断服务子函数产生 PWM 信号*/
void time1()interrupt 3  using 2
{
  TH1=(65536-100)/256;                                      //100US 定时
  TL1=(65536-100)%256;
  timer++;                                                  //定时器 100US 为准。在这个
                                                              基础上延时
  pwm_val_left++;
  pwm_Servomoto();
}
void delay1()
{
  unsigned chari,j,k;
  for(i=1;i>0;i--)
  for(j=100;j>0;j--)
  for(k=250;k>0;k--);
}
void shansuo()
{
  led1;
  delay1();
  led2;
```

```
    delay1();
}
/*--主函数--*/
void main(void)
{
   stoprun();
   TMOD=0X11;
   TH1=(65536-100)/256;                      //100US 定时
   TL1=(65536-100)%256;
   TH0=0;
   TL0=0;
   TR1=1;
   ET1=1;
   ET0=1;
   EA=1;
   delay(100);
   push_val_left=14;                         //舵机归中
   while(1)
   {
     shansuo();                              //闪烁灯函数
     if(timer>=200)                          //100MS 检测启动检测一次原
                                             //  来 500

     {
     timer=0;
     tartModule();                           //启动检测
     Conut();                                //计算距离
     if(S<35)                                //距离小于 20CM
     {
       stoprun();                            //小车停止
       COMM();                               //方向函数
     }
     else
     if(S>40)                                //距离大于,35CM 往前走
     run();
     }
   }
}
```

舵机模块设计实验视频

11.7 智能小车的硬件及软件的调试

11.7.1 实验环节

1. 实验目的

(1)掌握智能小车硬件调试的方法;

(2)熟悉智能小车硬件设计;

(3)学会实物及程序的调试,增强自己的动手能力。

2. 实验原理

(1)掌握理论基础知识,了解元器件工作特性和原理。选择好元器件后绘制电路图,搭建基本的产品雏形。最后可以通过仿真,验证设计思路。注意电磁兼容性的问题。

(2)程序编写阶段:在程序设计与编写的过程中,首先需要知道产品的功能是什么,硬件各个部分之间的连接关系。要求能看懂原理图,掌握一种编程语言。

(3)软硬件联调阶段:当程序和硬件电路都设计完成之后,就可以进行软件和硬件系统的联合调试,判断程序逻辑是否编写正确,符合要求。通过不断地测试和修改,直到实现设计需求。(注重程序规范性和接线规范性)。

3. 程序流程框图

避障程序流程图及遥控程序流程图如图 11.7.1 和图 11.7.2 所示。

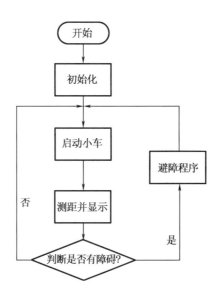

图 11.7.1 避障程序流程图

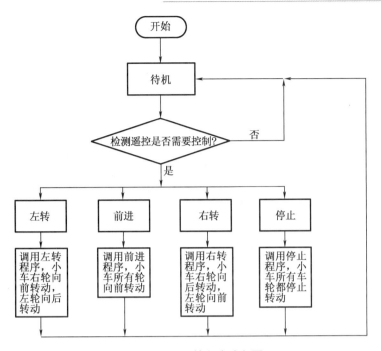

图 11.7.2　遥控程序流程图

4.实验原理图

实验原理图如图 11.7.3 所示。

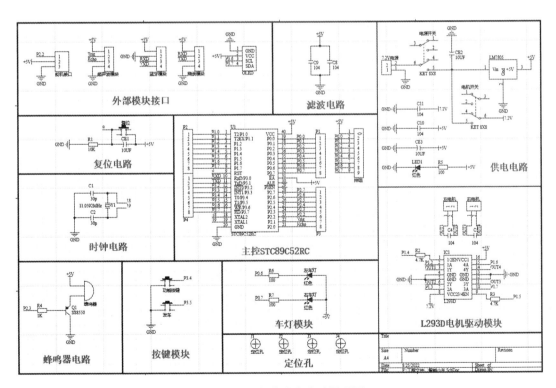

图 11.7.3　智能小车实验原理图

11.7.2 讨论与结论

（1）总结实物调试过程中所发现的错误、程序代码系统给出的出错信息和对策。分析讨论成功或失败的原因。

（2）总结硬件系统设计以及软件编程的规则。

11.7.3 注意事项

（1）当下载程序之后，实物没有正确运行预期结果或者没有任何响应，需要检查电路连接的问题。

（2）当程序在编译时发现很多错误，此时应从上到下逐一改正，或改一个错误，就重新再编译，因为有时一个错误会引起很多错误信息。

**智能小车硬件及
软件设计实验视频**

附　　录

附录 A　智能小车底盘的安装

1. 组装成品图(图 A.1)

图 A.1　组装成品图

2. 具体步骤

(1)准备智能小车直流减速电机配件(图 A.2)。

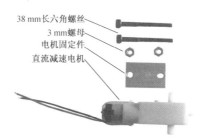

图 A.2　智能小车直流减速电机配件

(2)将直流电机固定件安装到 38 mm 的螺丝位上(图 A.3)。

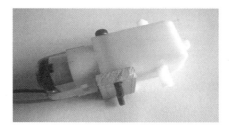

图 A.3　直流电机固定件安装到螺丝位上

（3）装好 3 mm 螺母（图 A.4）。

图 A.4　装好螺母

（4）用两个 3 mm×10 mm 的螺丝将电机组件安装到小车底盘的电机安装孔上（图 A.5）。

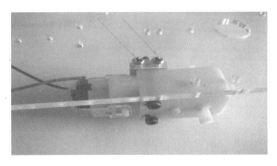

图 A.5　将电机组件安装到小车底盘的电机安装孔

（5）装上小车轮胎（图 A.6）。

图 A.6　装上小车轮胎

（6）需要测速的可以安装测速码盘（图 A.7）。

图 A.7　测速码盘

（7）按照以上步骤将两组电机全部装好,并将万向轮组装好(图 A.8)。

图 A.8　组装好的万向轮

（8）安装电池盒(图 A.9)。

图 A.9　安装电池盒

（9）将控制板安装在底板的对应孔上(图 A.10)。

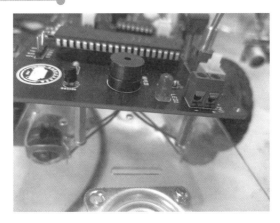

图 A.10 安装控制板

（10）连接控制板安装超声波避障探头（图 A.11）。

图 A.11 安装超声波避障探头

智能小车电路板实物图如图 A.12 所示。

图 A.12 智能小车电路板实物图

附录 B　智能小车实验综合源码

1. 超声波避障综合程序

```
#include <reg51.h>
#include <intrins.h>
#define TX P2_0
#define RX P2_1
#define Forward_L_DATA  180
```
// 当小车前进不能走直线的时候,请调节这两个参数,理想的时候是100,100,最大256,最小0。0的时候最慢,256的时候最快

```
#define Forward_R_DATA  180
```
// 例如小车前进的时候有点向左拐,说明右边电机转速过快,则可以取一个值大一点,另外一个值小一点,例如200,190

// 直流电机因为制造上的误差,同一个脉宽下也不一定速度一致,需要手动调节

```
/* * * * * 按照原图接线定义 * * * * * * /
sbit L293D_IN1 = P1^2;
sbit L293D_IN2 = P1^3;
sbit L293D_IN3 = P1^6;
sbit L293D_IN4 = P1^7;
sbit L293D_EN1 = P1^4;
sbit L293D_EN2 = P1^5;
sbit BUZZ = P2^3;
void Delay400ms(void);
unsigned chardisbuff[4] = {0,0,0,0};
void Count(void);
unsigned int time = 0;
unsigned long S = 0;
bit flag = 0;
bitturn_right_flag;
```
// 延时400ms 函数
// 用于分别存放距离的值
// 距离计算函数
// 用于存放定时器时间值
// 用于存放距离的值
// 量程溢出标志位

// * * * * * * * * * * * * * *

```
* *
```

// 函数名称:Delay1ms (unsigned int i)

// 函数功能:延时 i * 1ms 的子程序(对应于 22.1184MHz 晶振)

// 形式参数:unsigned int i

// 行参说明:无

// 返回参数:无

// 使用说明:i 为要延时的时间长度,单位是 ms,最大可以延时 65536ms

// * * * * * * * * * * * * * *

```c
void Delay1ms(unsigned int i)
{
  unsigned char j,k;
  do{
    j=10;
    do{
      k=50;
      do{
        _nop_();
      }while(--k);
    }while(--j);
  }while(--i);
}
```

// * * * * * * * * * * * * * *

// 函数名称:Delay10us (unsigned char i)

// 函数功能:延时 i * 10us 的子程序(对应于 22.1184MHz 晶振)

// 形式参数:无

// 行参说明:无

// 返回参数:无

// 使用说明:i 为要延时的时间长度,单位是 us,最大可以延时 250ms

// * * * * * * * * * * * * * *

```c
void Delay10us(unsigned char i)
{
  unsigned char j;
  do{
    j=10;
    do{
    _nop_();
    }while(--j);
  }while(--i);
}
```

```
                                                //================
void Forward()                                  //前进
{
  L293D_IN1=1;
  L293D_IN2=0;
  L293D_IN3=1;
  L293D_IN4=0;

                                                // PWM_Set(255-Speed_Right,255-
                                                   Speed_Left);

}
void Stop(void)                                 //刹车
{
  L293D_IN1=0;
  L293D_IN2=0;
  L293D_IN3=0;
  L293D_IN4=0;

                                                // PWM_Set(0,0);

}
void Turn_Retreat()                             //后
{
  L293D_IN1=0;
  L293D_IN2=1;
  L293D_IN3=0;
  L293D_IN4=1;

                                                // PWM_Set(255-Speed_Right,255-
                                                   Speed_Left);

}
void Turn_left()                                //左
{
  L293D_IN1=0;
  L293D_IN2=1;
  L293D_IN3=1;
  L293D_IN4=0;

                                                // PWM_Set(255-Speed_Right,255-
                                                   Speed_Left);

}
                                                //================
/* * * * * * * * 距离计算程序 * * * * * * * * * * * * * * * * */
void Conut(void)
{
  time=TH1*256+TL1;
  TH1=0;
```

```
  TL1 = 0;
S = time * 2;
S = S * 0.17;
if(S <= 300)
{
  if(turn_right_flag! = 1)
  {
    Stop();
    Delay1ms(5);                      //发现小车自动复位的时候,可以稍微延长
                                      一点这个延时,减少电机反向电压对电路
                                      板的冲击

  }
turn_right_flag = 1;
P1_7 = 0;
P2_0 = 0;
P0_6 = 0;
Delay1ms(10);
P1_7 = 1;
P2_0 = 1;
P0_6 = 1;
                                      //Turn_Right(120,120);
Delay1ms(5);                          //关键点   延时5ms
                                      //Delay1ms(500); //后退500ms
Turn_left();
Delay1ms(10);                         //左转800ms
}
else
{
  turn_right_flag = 0;
                                      //Forward(Forward_R_DATA,Forward_L_
                                      DATA);
  Forward();
}
if((S >= 5000) || flag == 1)          //超出测量范围
{
  flag = 0;
                                      //DisplayListChar(0, 1, table1);

}
else
{
  disbuff[0] = S % 10;
  disbuff[1] = S / 10 % 10;
```

```
    disbuff[2]=S/100%10;
    disbuff[3]=S/1000;
}
}
/* * * * * * * * * * * * * * * * * * * * * * * * * * * * * * * * * * * */
void zd0() interrupt 3                      //T0 中断用来计数器溢出,超过测距范围
{
    flag=1;                                  //中断溢出标志
    RX=0;
}
/* * * * * * * *超声波高电平脉冲宽度计算程序* * * * * * * * * * * * * * */
void Timer_Count(void)
{
    TR1=1;                                   //开启计数
    while(RX);                               //当 RX 为 1 计数并等待
    TR1=0;                                   //关闭计数
    Conut();                                 //计算
}
/* * * * * * * * * * * * * * * * * * * * * * * * * * * * * * * * * * * */
void StartModule()                          //启动模块
{
    TX=1;                                    //启动一次模块
    Delay10us(2);
    TX=0;
}
/* * * * * * * * * * * *主程序* * * * * * * * * * * * * * * * * * * * */
void main(void)
{
    unsigned char i;
    unsigned int a;
                                             //cmg88();//关数码管
    Delay1ms(400);                           //启动等待,等 LCM 进入工作状态
                                             //LCMInit();//LCM 初始化
    Delay1ms(5);                             //延时片刻
    TMOD=TMOD|0x10;                          //设 T0 为方式 1,GATE=1;
    EA=1;
    TH1=0;
    TL1=0;
    ET1=1;                                   //允许 T0 中断
                                             //开启总中断
                                             //PWM_ini();
                                             //= = = = = = = = = = = = = = = = =
```

```
        turn_right_flag = 0;

        for(i = 0;i<50;i++)
        {
          Delay1ms(1);

          if(P3_5! = 0 )
          goto B;
        }

    BUZZ = 0;

    Delay1ms(50);
    BUZZ = 1;
    while(1)
    {
      RX = 1;
      StartModule();
      for(a = 951;a>0;a--)
      if(RX = = 1)
      {
        Timer_Count();
      }
    }
  }
}
```

	`//= = = = = = = = = = = = = =B:`
	`//判断 K3 是否按下`
	`//1ms 内判断 50 次,如果其中有一次`
	`被判断到 K3 没按下,便重新检测`
	`//当 K3 按下时,启动小车`
	`//跳转到标号 B,重新检测`
	`//蜂鸣器响一声`
	`//50 次检测 K3 确认是按下之后,蜂鸣`
	`器发出"滴"声响,然后启动小车`
	`//响 50ms 后关闭蜂鸣器`

2. 遥控综合程序

```
#include <reg51.h>
                                            //HL-1 小车驱动接线定义
#define Left_moto_go      {P1_2 = 0,P1_3 = 1;}    //左边电机向前走
#define Left_moto_back     {P1_2 = 1,P1_3 = 0;}    //左边电机向后转
#define Left_moto_Stop     {P1_2 = 0,P1_3 = 0;}    //左边电机停转
#define Right_moto_go     {P1_6 = 1,P1_7 = 0;}    //右边电机向前走
#define Right_moto_back    {P1_6 = 0,P1_7 = 1;}    //右边电机向后走
#define Right_moto_Stop    {P1_6 = 0,P1_7 = 0;}    //右边电机停转
#define left      'C'
#define right     'D'
#define up       'A'
#define down      'B'
#define stop      'F'
char code str[] = "收到指令,向前! \n";
char code str1[] = "收到指令,向后! \n";
char code str2[] = "收到指令,向左! \n";
```

```c
char code str3[]="收到指令,向右! \n";
char code str4[]="收到指令,停止! \n";
bit flag_REC=0;
bit flag=0;
unsignedchar i=0;
unsignedchar dat=0;
unsigned char buff[5]=0;                          //接收缓冲字节
/* * * * * * * * * * * * * * * * * * * * * * * * * * * * * * * * * * */
                                                 //延时函数
void delay(unsigned int k)
{
  unsigned intx,y;
  for(x=0;x<k;x++)
    for(y=0;y<2000;y++);
}
/* * * * * * * * * * * * * * * * * * * * * * * * * * * * * * * * * * */
                                                 //字符串发送函数
void send_str( )
                                                 //传送字符串
{
  unsigned chari=0;
  while(str[i] ! ='\0')
  {
    SBUF=str[i];
    while(! TI);                                  //等待数据传送
    TI=0;                                        //清除数据传送标志
    i++;                                         //下一个字符
  }
}
void send_str1( )
                                                 //传送字符串
{
  unsigned chari=0;
  while(str1[i] ! ='\0')
  {
    SBUF=str1[i];
    while(! TI);                                  //等待数据传送
    TI=0;                                        //清除数据传送标志
    i++;                                         //下一个字符
  }
}
```

```
void send_str2( )
                                                    //传送字符串
{
  unsigned chari = 0;
  while(str2[i] ! = '\0')
  {
    SBUF = str2[i];
    while(! TI);                                    //等待数据传送
    TI = 0;                                         //清除数据传送标志
    i++;                                            //下一个字符
  }
}
void send_str3()
                                                    //传送字符串
{
  unsigned chari = 0;
  while(str3[i] ! = '\0')
  {
    SBUF = str3[i];
    while(! TI);                                    //等待数据传送
    TI = 0;                                         //清除数据传送标志
    i++;                                            //下一个字符
  }
}
void send_str4()
                                                    //传送字符串
{
  unsigned chari = 0;
  while(str4[i] ! = '\0')
  {
    SBUF = str4[i];
    while(! TI);                                    //等待数据传送
    TI = 0;                                         //清除数据传送标志
    i++;                                            //下一个字符
  }
}
                                                    //前进
void run(void)
{
  Left_moto_go ;                                    //左电机往前走
  Right_moto_go ;                                   //右电机往前走
```

```
}
                                              //后退
void backrun(void)
{
  Left_moto_back ;                            //左电机往后走
  Right_moto_back ;                           //右电机往后走
}
                                              //左转
void leftrun(void)
{
  Left_moto_back ;                            //左电机往左走
  Right_moto_go ;                             //右电机往左走
}
                                              //右转
void rightrun(void)
{
  Left_moto_go ;                              //左电机往右走
  Right_moto_back ;                           //右电机往右走
}
                                              //STOP
void stoprun(void)
{
  Left_moto_Stop ;                            //左电机停止
  Right_moto_Stop ;                           //右电机停止
}
/* * * * * * * * * * * * * * * * * * * * * * * * * * * * * * * * * * * * * * * */
void sint() interrupt 4                       //中断接收 3 个字节
{
  if(RI)                                      //是否接收中断
  {
    RI = 0;
    dat = SBUF;
    if(dat = ='O'&&( i = = 0))                //接收数据第一帧
    {
      buff[i] = dat;
      flag = 1;                               //开始接收数据
    }
    else
    if( flag = = 1)
    {
      i++;
```

```
        buff[i]=dat;
      if(i>=2)
      {i=0;flag=0;flag_REC=1 ;}              //停止接收
    }
  }
}
/*--主函数--*/
void main(void)
{
  TMOD=0x20;
  TH1=0xFD;                                  //FD//11.0592MHz 晶振,9600 波
                                             //  特率
  TL1=0xFD;                                  //FD
  SCON=0x50;
  PCON=0x00;
  TR1=1;
  ES=1;
  EA=1;
  while(1)/*无限循环*/
  {
    if(flag_REC==1)
    {
    flag_REC=0;
    if(buff[0]=='O'&&buff[1]=='N')           //第一个字节为O,第二个字节为N,
                                             //  第三个字节为控制码
    switch(buff[2])
    {
      case up :                              //前进
      send_str( );
      run();
      break;
      case down:                             //后退
      send_str1( );
      backrun();
      break;
      case left:                             //左转
      send_str3( );
      leftrun();
      break;
      case right:                            //右转
      send_str2( );
```

```
        rightrun();
        break;
        case stop:                              //停止
        send_str4( );
        stoprun();
        break;
      }
    }
  }
}
```

附录 C 51 单片机汇编指令集

1. 数据传送类指令(7 种助记符)

MOV(Move):对内部数据寄存器(RAM)和特殊功能寄存器(SFR)的数据进行传送。

MOVC(Move Code):读取程序存储器数据表格的数据并进行传送。

MOVX(Move External RAM):对外部 RAM 的数据传送。

XCH(Exchange):字节交换。

XCHD(Exchange low-order Digit):低半字节交换。

PUSH(Push onto Stack):入栈。

POP(Pop from Stack):出栈。

2. 算术运算类指令(8 种助记符)

ADD(Addition):加法。

ADDC(Add with Carry):带进位加法。

SUBB(Subtract with Borrow):带借位减法。

DA(Decimal Adjust):十进制调整。

INC(Increment):加 1。

DEC(Decrement):减 1。

MUL(Multiplication、Multiply):乘法。

DIV(Division、Divide):除法。

3. 逻辑运算类指令(10 种助记符)

ANL(AND Logic):逻辑与。

ORL(OR Logic):逻辑或。

XRL(Exclusive-OR Logic):逻辑异或。

CLR(Clear):清零。

CPL(Complement):取反。

RL(Rotate Left):循环左移。

RLC(Rotate Left throught the Carry flag):带进位循环左移。

RR(Rotate Right):循环右移。

RRC(Rotate Right throught the Carry flag):带进位循环右移。

SWAP(Swap):低 4 位与高 4 位交换。

4. 控制转移类指令(17 种助记符)

ACALL(Absolute subroutine Call):子程序绝对调用。

LCALL(Long subroutine Call):子程序长调用。

RET(Return from subroutine):子程序返回。

RETI(Return from Interruption):中断返回。

SJMP(Short Jump):短转移。

AJMP（Absolute Jump）：绝对转移。

LJMP（Long Jump）：长转移。

CJNE（Compare Jump if Not Equal）：比较不相等则转移。

DJNZ（Decrement Jump if Not Zero）：减 1 后不为 0 则转移。

JZ（Jump if Zero）：结果为 0 则转移。

JNZ（Jump if Not Zero）：结果不为 0 则转移。

JC（Jump if the Carry flag is set）：有进位则转移。

JNC（Jump if Not Carry）：无进位则转移。

JB（Jump if the Bit is set）：位为 1 则转移。

JNB（Jump if the Bit is Not set）：位为 0 则转移。

JBC（Jump if the Bit is set and Clear the bit）：位为 1 则转移，并清除该位。

NOP（No Operation）：空操作。

5. 位操作指令（2 种助记符）

CLR：位清零。

SETB（Set Bit）：位置 1。

6. 8 种常用伪指令

（1）ORG　16 位地址

此指令用在源程序或数据块的开始，指明此语句后面目标程序或数据块存放的起始地址。

（2）［标号：］DB 字节数据项表

将项表中的字节数据存放到从标号开始的连续字节单元中。

例如，SEG：DB 88H,100,"7","C"

（3）［标号：］DW　双字节数据项表

定义 16 位地址表，16 位地址按低位地址存低位字节，高位地址存高位字节。

例如，TAB：DW　1234H,7BH

（4）名字 EQU 表达式　或名字＝表达式

用于给一个表达式赋值或给字符串起名字，之后名字可用作程序地址、数据地址或立即数地址。名字必须是一个字母开头的字母数字串。

例如，COUNT＝10 或 SPACE　EQU　10H

（5）名字 DATA 直接字节地址

给 8 位内部 RAM 单元起个名字，名字必须是一字母开头的字母数字串。同一单元可起多个名字。

例如，ERROR　DATA　80H

（6）名字 XDATA 直接字节地址

给 8 位外部 RAM 起个名字，名字规定同 DATA 伪指令。

例如，IO_PORT　XDATA　0CF04H

（7）名字 BIT 位指令

给一可位寻址的位单元起个名字，规定同 DATA 伪指令。

例如,SWT BIT 30H

(8)[标号:] END

指出源程序到此结束,汇编对其后的程序语句不予理睬。源程序只在主程序最后使用一个 END。

指令集(111 条)如表 C.1 所示。

表 C.1 指令集(111 条)

助记符	说明	字节	周期	代码
1. 数据传送指令(30 条)				
MOV A,Rn	寄存器送 A	1	1	E8~EF
MOV A,data	直接字节送 A	2	1	E5
MOV A,@ Ri	间接 RAM 送 A	1	1	E6~E7
MOV A,#data	立即数送 A	2	1	74
MOV Rn,A	A 送寄存器	1	1	F8~FF
MOV Rn,data	直接数送寄存器	2	2	A8~AF
MOV Rn,#data	立即数送寄存器	2	1	78~7F
MOV data,A	A 送直接字节	2	1	F5
MOV data,Rn	寄存器送直接字节	2	1	88~8F
MOV data,data	直接字节送直接字节	3	2	85
MOV data,@ Ri	间接 Rn 送直接字节	2	2	86;87
MOV data,#data	立即数送直接字节	3	2	75
MOV @ Ri,A	A 送间接 Rn	1	2	F6;F7
MOV @ Ri,data	直接字节送间接 Rn	1	1	A6;A7
MOV @ Ri,#data	立即数送间接 Rn	2	2	76;77
MOV DPTR,#data16	16 位常数送数据指针	3	1	90
MOV C,bit	直接位送进位位	2	1	A2
MOV bit,C	进位位送直接位	2	2	92
MOVC A,@ A+DPTR	A+DPTR 寻址程序存储字节送 A	3	2	93
MOVC A,@ A+PC	A+PC 寻址程序存储字节送 A	1	2	83
MOVX A,@ Ri	外部数据送 A(8 位地址)	1	2	E2;E3
MOVX A,@ DPTR	外部数据送 A(16 位地址)	1	2	E0
MOVX @ Ri,A	A 送外部数据(8 位地址)	1	2	F2;F3
MOVX @ DPTR,A	A 送外部数据(16 位地址)	1	2	F0
PUSH data	直接字节进栈,SP 加 1	2	2	C0
POP data	直接字节出栈,SP 减 1	2	2	D0
XCH A,Rn	寄存器与 A 交换	1	1	C8~CF
XCH A,data	直接字节与 A 交换	2	1	C5

表 C.1（续 1）

助记符	说明	字节	周期	代码
XCH A,@ Ri	间接 Rn 与 A 交换	1	1	C6；C7
XCHD A,@ Ri	间接 Rn 与 A 低半字节交换	1	1	D6；D7
2. 逻辑运算指令（35 条）				
ANL A,Rn	寄存器与到 A	1	1	58~5F
ANL A,data	直接字节与到 A	2	1	55
ANL A,@ Ri	间接 RAM 与到 A	1	1	56；57
ANL A,#data	立即数与到 A	2	1	54
ANL data,A	A 与到直接字节	2	1	52
ANL data,#data	立即数与到直接字节	3	2	53
ANL C,bit	直接位与到进位位	2	2	82
ANL C,/bit	直接位的反码与到进位位	2	2	B0
ORL A,Rn	寄存器或到 A	1	1	48~4F
ORL A,data	直接字节或到 A	2	1	45
ORL A,@ Ri	间接 RAM 或到 A	1	1	46；47
ORL A,#data	立即数或到 A	2	1	44
ORL data,A	A 或到直接字节	2	1	42
ORL data,#data	立即数或到直接字节	3	2	43
ORL C,bit	直接位或到进位位	2	2	72
ORL C,/bit	直接位的反码或到进位位	2	2	A0
XRL A,Rn	寄存器异或到 A	1	1	68~6F
XRL A,data	直接字节异或到 A	2	1	65
XRL A,@ Ri	间接 RAM 异或到 A	1	1	66；67
XRL A,#data	立即数异或到 A	2	1	64
XRL data,A	A 异或到直接字节	2	1	62
XRL data,#data	立即数异或到直接字节	3	2	63
SETB C	进位位置 1	1	1	D3
SETB bit	直接位置 1	2	1	D2
CLR A	A 清 0	1	1	E4
CLR C	进位位清 0	1	1	C3
CLR bit	直接位清 0	2	1	C2
CPL A	A 求反码	1	1	F4
CPL C	进位位取反	1	1	B3
CPL bit	直接位取反	2	1	B2
RL A	A 循环左移一位	1	1	23

表 C.1(续2)

助记符	说明	字节	周期	代码
RLC A	A 带进位左移一位	1	1	33
RR A	A 右移一位	1	1	03
RRC A	A 带进位右移一位	1	1	13
SWAP A	A 半字节交换	1	1	C4
3. 算术运算指令(24 条)				
ADD A,Rn	寄存器加到 A	1	1	28~2F
ADD A,data	直接字节加到 A	2	1	25
ADD A,@ Ri	间接 RAM 加到 A	1	1	26;27
ADD A,#data	立即数加到 A	2	1	24
ADDC A,Rn	寄存器带进位加到 A	1	1	38~3F
ADDC A,data	直接字节带进位加到 A	2	1	35
ADDC A,@ Ri	间接 RAM 带进位加到 A	1	1	36;37
ADDC A,#data	立即数带进位加到 A	2	1	34
SUBB A,Rn	从 A 中减去寄存器和进位	1	1	98~9F
SUBB A,data	从 A 中减去直接字节和进位	2	1	95
SUBB A,@ Ri	从 A 中减去间接 RAM 和进位	1	1	96;97
SUBB A,#data	从 A 中减去立即数和进位	2	1	94
INC A	A 加 1	1	1	04
INC Rn	寄存器加 1	1	1	08~0F
INC data	直接字节加 1	2	1	05
INC @ Ri	间接 RAM 加 1	1	1	06;07
INC DPTR	数据指针加 1	1	2	A3
DEC A	A 减 1	1	1	14
DEC Rn	寄存器减 1	1	1	18~1F
DEC data	直接字节减 1	2	1	15
DEC @ Ri	间接 RAM 减 1	1	1	16;17
MUL AB	A 乘 B	1	4	A4
DIV AB	A 被 B 除	1	4	84
DA A	A 十进制调整	1	1	D4
4. 转移指令(22 条)				
AJMP addr 11	绝对转移	2	2	*1
LJMP addr 16	长转移	3	2	02
SJMP rel	短转移	2	2	80
JMP @ A+DPTR	相对于 DPTR 间接转移	1	2	73

表 C.1(续 3)

助记符	说明	字节	周期	代码
JZ rel	若 A=0,则转移	2	2	60
JNZ rel	若 A≠0,则转移	2	2	70
JC rel	若 C=1,则转移	2	2	40
JNC rel	若 C≠1,则转移	2	2	50
JB bit,rel	若直接位=1,则转移	3	2	20
JNB bit,rel	若直接位=0,则转移	3	2	30
JBC bit,rel	若直接位=1,则转移且清除	3	2	10
CJNE A,data,rel	直接数与 A 比较,不等转移	3	2	B5
CJNE A,#data,rel	立即数与 A 比较,不等转移	3	2	B4
CJNE @ Ri,#data,rel	立即数与间接 RAM 比较,不等转移	3	2	B6;B7
CJNE Rn,#data,rel	立即数与寄存器比较不等转移	3	2	B8~BF
DJNZ Rn,rel	寄存减 1 不为 0 转移	2	2	D8~DF
DJNZ data,rel	直接字节减 1 不为 0 转移	3	2	D5
ACALL addr 11	绝对子程序调用	2	2	*1
LCALL addr 16	子程序调用	3	2	12
RET	子程序调用返回	1	2	22
RETI	中断程序调用返回	1	2	32
NOP	空操作	1	1	00